U0135208

股市投資首部曲

數字裡的眞相

穩健投資，遠離財務報表的陷阱

■ 黃錦川 著

目錄

推薦序
投資者必做的功課

葉銀華

　　要避免遭受投資損失的可能性，最基本的工作就是勤練財務資訊評估。財務資訊評估雖然需要基本觀念，但是只要投資者用心，就能練出一手的好功夫。要練就財務分析的功力，首先必須有一本觀念與實務兼具的工具書以資參考，本書應可達到這些要求。

　　過去投資者通常存在本益比（P/E）的幻想，因此較注重每股盈餘的資訊，然而在台灣，每股盈餘並非完全屬於股東，投資者還需將稅後淨利扣除董監酬勞、員工分紅現金、員工分紅配股（以除權後市價計算）之後，才是真正屬於股東享有的稅後淨利，再除以流通在外股數，才是股東享有的真實每股盈餘。有鑑於此，本書內容不以財務比率分析為主，而著重於財務報表的品質與經營者的誠信，並且嘗試分析財報可能的潛在危機。

　　「工欲善其事，必先利其器」，一般投資者要進行財務分析，首先要克服的是如何尋找有用的資訊。本書以投資人觀點，介紹公開資訊觀測站與各大券商網站，協助投資者跨出第一步。同時希望透過財報與過去股價走勢，協助投資者判斷未來股價；並且本書引用超過50家的台灣上市櫃公司，做為演練的範例，讓讀者有深刻的體會。

　　讀者千萬不要低估自己的學習能力，只要您勤做功課，勢必可以具備個人理財的專屬知識，而且您也可以將這些知識傳給您的下一代。畢竟，傳財給後代，不如傳知識。想想您辛辛苦苦才賺到錢，當然在投資之前也要花心思研讀基本知識。

　　今年6月份到現在，股市最驚天動地的消息當屬博達、訊碟與皇統的財報疑雲案，著實讓投資者對於財報失去信心。訊碟股價曾經達512元、博達股價曾經368元、皇統股價曾經達168元的天價，真的是讓許多投資者後悔莫及與懊悔萬分。這些股票在當紅時，財報表面數據與媒體新聞都畫了一個美夢給投資者，此時投資者如何自處？當然還是冷靜地分析這家公司的基本面，亦即評估財報的品質。

　　本書從簡單的財報分析著手，介紹資產負債表、損益表的財務分析與判斷數據的可參考性，並且提供一些關鍵數據與判斷準則，同時提供一些案例供讀者參考；特別是如何判斷營收數據的真實性，當然也有介紹目前最受矚目的長期股權投資的判斷依據。再者，本書同時解讀現金流量表，這是過去投資者所忽略的。最後，本書歸納以上的論點，介紹財務報表比率分析。

　　本書作者黃錦川教授是筆者碩士班同學，而且一起上台北攻讀博士。一路走來，黃教授除了在理論探討之外，同時也相當致力於股市投資應用。在多年投資經驗與分析之後，

黃教授綜合所學完成這本著作，其比一般財務分析的書多了
投資知識；也比一般投資分析的書，多了企業本質的判斷。
本書全文深入淺出，又以實際上市櫃公司爲案例，再佐以有
趣短文（方塊文章），的確是讀者在投資時的重要參考書
籍。筆者敬佩黃教授有著「跳下水教人游泳」的觀念，不像
筆者「只在岸上教人游泳」。

■　本文作者爲輔仁大學金融所與貿金系教授

推薦序
168現象，喚醒了「不會思考的市場」
──川兄新書給我的啓示

黃錦川博士出版的這本新書，不但是大學的參考書籍，同時也收錄爲「168叢書」的排序 1 號書，換句話說，這一本書，來自學院庭草間、跨足萬丈紅塵裡，勢將成爲學術界與實業界的經典文獻。

身爲黃博士的FANS，我曾經私心期望，這一本書應該避免風險，最好能效法迂儒書生，寫一本安全又虛榮的文學花瓶，也就是閉門寫作，故作姿態，墊高腳跟，不與市場俗人比肩交臂，以免成爲燭火旁的一扇紙窗。

然而，黃教授卻不這樣：他的寫作，每一踏步都是踩著市場的泥土；毫不迴避交易過程的陷阱、機巧、詐術，所以他每一出手，總會撕下幾張假面具。

台北股市，其實是「不會思考的市場」，既沒有主流思潮，也沒有理想目標，洋人怎麼玩市場，我們就學個七分像，政府公務員更是得過且過，一心一意服從財閥和政閥。於是長久以來形成一種怪現象，就是政府縱容資本家掠奪小散戶的財富。從銀行資源、政策保護、到媒體發言的權利，一向都是只有資本家說話才算數，而占有股市成交比重超過

七成的散戶，卻只能單打獨鬥，成爲無助的獵物，於是，「168理財網」就在這個需求之下，成爲散戶結盟的堡壘。

我將這種現象稱之爲「168現象」，意思是：散戶需要群聚的智慧，用來對抗財閥和政閥的強勢操弄。「168」的諧音固然代表著幸運的眷顧，但是用網站做爲堡壘來凝聚散戶的操作策略，也是當前病態市場結構催生出來的特有現象。畢竟投資而不投機的小資本散戶，這些年來都遭到慘痛的虧損，再不守望相助，小資本股東必然寢食難安。

現在股票市場流行的「168的網友」，指的就是這一群具有較強的生存能力的智者，他們有一套自己的投資技巧，不受哄、不被騙，他們每天都要觀摩別人的操作，修正自己的策略，隨時要吸收最新的知識，檢驗虛假的新聞。他們相信，好運氣來自於智慧，而不是盲從。

黃錦川兄在「168現象」當中，就是「啓示者」的代表人物，他一方面受到廣大散戶投資人的尊敬和熱愛，另一方面還要對抗各式嘲諷和叫囂。如今，兩岸猿聲啼不住，輕舟已過萬重山，在喧鬧聲中，黃兄用全新的著作，標誌著台北股市的深度和溫度。

「168現象」創造了許多明星作家，呈現百家爭鳴的盛況，原本「不會思考的市場」終於有了一絲絲文明氣味，從此終於有了智取財富的空間。因此我們相信，名將如雲的「168明星」會繼黃錦川兄之後，陸續推出「168叢書之 2」，

以及更多的文獻和著作。

　　所以，在這一本書問世之後，股市的洪荒時代，可以正式宣告結束了。168的雙腳，正踩著小碎步，走向文明的位置。未來的贏家，未必是傳統大主力，而應該是智者、識者、資訊領先者。

　　從這一本書，我們看到市場甦醒的笑容！

　　168 理財網網址 www.168stock.net

■　本文作者爲168理財網總編輯

自序

　　10年前，台灣股市的規模仍不大，上市的公司家數並不多，籌碼掌控了一切，所以，占台灣股市主要結構的散戶投資者，所追求的是「此公司是否有人炒作」；大約5年前開始，在經歷了「台鳳事件」、「新巨群事件」後，投資人發現在無基本面的炒作下，買到這些公司來投資，一旦嚴重套牢後，股價將無翻身的機會，更嚴重的是主力的「違約交割」，造成股票到後來竟然面臨公司下市的情形。而在同時，外資的匯入對於台灣的影響力漸增，於是投資人買賣股票開始轉而以外資選股的高營收成長、低本益比，做為基本面主要內容的思考方向。

　　在這種選股方向的轉變下，公司派、主力大戶發現，想拉抬公司股價，除了籌碼的短線控制外，要讓投資人跟進且不願意賣出的最佳方法，無非透過高營收成長、低本益比來吸引投資人做為買進股票的誘因。

　　但由於外在環境變遷激烈，很多公司在面對這樣的環境時，過去的高營收成長、低本益比，並不代表未來也同樣如此；若公司能夠致力於經營本業，讓股價自然上漲，高營收成長、低本益比的選股方式當然最好。但常見的情形是，有公司派經營者掌握投資人喜歡高營收成長、低本益比的公司，於是將公司「塑造」成那樣的假象，透過財務遊戲或窗

飾（window dressing）的方式，使得表現出的經營績效數字和實質的經營內容有很大的差異。

於是，當投資人看到公司公布的高營收成長、低本益比而買進股票，一旦套牢後，將是惡夢的開始，畢竟投資人誤認為公司的基本面良好卻造成套牢，不但使投資人捨不得停損，甚至更是逢低攤平，一直到發現基本面不如想像時，股價已經腰斬又腰斬了（這個時候，相信大多數人也捨不得賣掉了）。

那是不是表示，以高營收成長、低本益比做為投資的選股方向錯了呢？不，這樣的方向沒錯，但是在以此做為選股依據時，必須先確認幾個前提：財務報表的品質是否良好？盈餘的背後，是否隱含了一些潛在的危機？另外，所看的損益營收數字是不是真的？有沒有人為的操控因素？

博達與訊碟出事後，投資人開始對於財務報表有一定的重視。不過，博達與訊碟在出事前，獲利情況就已經很差，若以低本益比為基本選股邏輯，相信也不至於選到如博達與訊碟等股票；本書中所謂的出問題公司，所指的比較著重於：這家公司看起來本益比不高，也還有不錯的成長，然而當股價暴跌後，報表公布時才發現原來它的獲利已經明顯變差。所以當公布看似不錯報表時，如何判斷其品質無虞？除了損益表外，資產負債的品質是不是未來讓盈餘大跌的可能因素？則是投資人以基本面分析時所要考慮的。

　　這幾年來，在證期會對上市櫃公司要求的努力下，公司的財報資訊已相當完整，幾乎所有股價要大跌的公司，在大跌之初，財務報表上都已經出現潛在的問題，只是一般投資人知不知道運用這些資訊？或者這些資訊的背後到底有些什麼意涵，投資人會不會判斷？

　　所以，本書的主要目的在於，當您看到一家公司高營收成長、低本益比，進而想進行投資時，如何利用網路上的公開資訊，進行對上市上櫃的財務報表品質做評估；並且對於公司的訊息或是媒體發布的消息，具有判斷的能力。

　　所以，整體上來說，本書有三個特點：

特點一、不以財務比率分析為主，著重於財報的品質

　　市面上大多數的書，在判斷財務報表的好壞時，都是採用「財務比率分析」做為決策依據，但財務比率分析在先天上就具備很大的缺失，因此本書以財務報表的品質為出發方向，再以深入淺出的方式來探討財務報表對於未來盈餘的影響內容，以及發掘出潛在的危機。

特點二、由「投資人的觀點」來撰寫此書

　　既是以投資人觀點來撰書，當然期望在股價大跌前能夠於財報上發現問題，或者在看到一家公司「技術線型佳、媒體推薦」時，如何審視其財務報表，而不是由公司內部去思考，所以在本書中，筆者透過財報與股價走勢，來說明財報對於股價的後續影響。

而另一個站在投資人觀點的是：「告訴投資人如何在網路上找尋所需要且有用的資訊」，畢竟一般散戶投資人並不像專業機構，可以擁有如《台灣經濟新報》（**TEJ**）這種專業的資料庫軟體，如何上網找尋重要的訊息，也是本書的重點之一。

特點三、完全以台灣上市上櫃公司為例

　　坊間財務分析相關書中，有很多寫得很好的書，但大多是國外的翻譯書，或是所舉的範例都是國外公司，完全以台灣上市櫃公司為例的書籍並不多，在閱讀時總無法體會該公司情形以及當時的環境背景。在本書中，用來做為舉例的上市櫃公司超過50家，相信以本土化為基礎的財務分析，對於讀者在研讀上應該更有助益才對。

　　本書的規畫分成幾大單元，第一單元是資訊的來源以及財務報表的基礎知識，第二單元是損益表品質篇，第三單元是資產負債表品質篇，第四單元是現金流量表篇，第五單元是財務比率分析與基礎的財務預測。

　　閱讀完本書，應該可以達到下列的幾個目標：

- 一些基本的資訊應由何處搜尋。
- 當公司發布其財務獲利數字時，投資人應有能力分析其損益表的品質。
- 在公司的獲利看來不錯的情況下，由資產負債表來觀察是

否有潛藏的危機。

● 對於現金流量表的認知與重視。

● 具有預估每股盈餘的基本能力。

　　當然，在不同產業中，報表的觀察重點也有所不同。損益表、資產負債表與現金流量表的分析，很多都必須在具有該產業知識以及經驗的累積下，才能具備更細密的分析結果。雖說如此，本書所提的一些分析技巧與判斷財報方向，仍可以提供對公司報表的一定認知，依此對公司所發布的訊息加以評估，進而了解公司，降低投資公司的風險。

　　在筆者寫作此書的過程中，常把一些觀點與實例在「168理財網」的網友聚會中發表，且透過網友的反應，來對本書加以修正，以期能更能符合實務的操作，在此感謝168總編輯翁立民提供這麼好的一個媒體環境，讓本書的看法有實際驗證的空間。

　　除此之外，感謝公司治理專家葉銀華教授為本書作序、沈冠君老師的校稿，以及寶鼎出版社蕭總經理的精心安排並給予本書更好的編排。

　　雖筆者已經離開投顧一段時間了，但7年前能有機會進入投顧，筆者最要感謝鑫報投顧的周英老師給予的機會與教導，也讓筆者有機會開啓股市基本面的分析大門。

　　在股市投資中，風險的控管是重要的，特別是面對目前獲利不錯的公司，是否在財報中潛藏問題？願本書的完成，

提供讀者在看財報時的另一層思考，以更謹慎的態度面對公司的獲利，並以更理性的態度面對股市投資的規畫。

PART ONE

資訊來源與財報基礎

財務報表是用來檢視公司經營績效好壞的最重要資料來源，無論公司對於未來預期如何樂觀，都可以從報表分析來檢視公司所言是否正確。在一般投資人的觀點中，財務報表分析似乎相當難懂，且認為公司經營者有可能在財報上進行掩飾。實際上，經過證期會這幾年的努力，公司的資訊揭露已經相當完整，除非公司存心「長期有意的」進行舞弊，否則稍微用心一點的投資人，絕對可以發現此公司是否具備潛在的問題。

所謂的「工欲善其事，必先利其器」，在進行財務報表分析之前，必須先了解其資訊的來源；在不同網站中，有不同的資訊重點，所以本單元將說明分析財務報表前應準備的資訊蒐集工作，以及一些財務報表的基本概念。

一、資訊來源

公司基本資料的資訊何處尋？

對於上市與上櫃公司的基本面資料、財務資料、公司的訊息與最新營運情況、研究報告與產業報告等，這些都是構成分析公司基本面的最基本資料，而這些資料何處尋呢？身處網路運用愈來愈普及的今天，要找到這些資料比以前更為容易，也更為便利；當然，找到這些資訊後，還必須加以分析與研判。筆者在此提供幾個資訊來源處，讓你可以輕鬆得到資訊的來源。

1. 公開資訊觀測站　http://newmops.tse.com.tw

公開資訊觀測站是證期會要求公開公司對於其經營資訊必須即時與定期揭露，所以，該網站的資訊是最完整的。

在公開資訊觀測站中，包含了（每一個子項目中，筆者將把最值得注意的重點標示出來）：

公司治理

重點：近一期公開說明書

公司治理中包含最近一期年報、最近一期的公開說明書、獨立董監任職一覽表等。其中最近一期的公開說

明書是了解公司所處的產業、競爭對象以及公司發展的
重要內容。

電子書

重點：財務報告書

　　電子書中，包含財務報告書、財務預測書、公開說
明書、DYNADOC WDL Viewer下載、存託憑證相關資
料、年報與股東會相關資料等。其中財務報告書是最重
要的資料，主要在說明每季財務報表的內容。比如應收
帳款，在資產負債表只能看到金額，但在財務報告書中
就可以看到詳細的資料；又例如在損益表中，你只能看
到其業外的獲利或損失，但到底是哪一家業外公司的貢
獻？此業外公司到底是做些什麼？在財務報告書中都會
有較為詳細的說明。看電子書時，可以先下載
DYNADOC WDL Viewer，有些公司的電子書檔案是
wdl，必須以DYNADOC WDL Viewer才能讀。而電子書
中的公開說明書，可以看出過去公司在發行現金增資、
可轉換公司債時所發布的公開說明書。

財務報表

重點：損益表、資產負債表、現金流量表

　　財務報表中，包含損益表、資產負債表、現金流量

表、合併損益表、合併資產負債表、合併現金流量表等，比較值得注意的是，<u>合併的損益表與資產負債表更能讓投資人了解「與本業有關的業外收益」</u>，而如何分析這三個報表，也是本書的重點。

營運概況
重點：各項產品業務營收統計表

　　營運概況中，包含開立發票與營業收入資訊、各項產品業務營收統計表、赴大陸投資資訊、投資海外子公司資訊、財務分析資料、毛利率、存貨週轉率、月取得或處分資產資訊等，資訊種類極多，不過諸如毛利率、財務分析資料、存貨週轉率雖然重要，卻都是年度資訊，並不適合在實務上使用。所以在營運概況中，個人認為，可以將重點放在「各項產品業務營收統計表」，因為這項資訊會針對公司產品的各項營收訊息，給予比較明確的描述，讓投資人更了解公司的發展方向與內容比重。

彙總報表
重點：每月營業收入統計彙總表、年度財務預測彙總表

　　上市或上櫃公司的彙總報表中，包含每月營業收入統計彙總表、各項產品業務營收統計彙總表、年度財務

預測彙總表、財務分析資料查詢彙總表、投資海外子公司彙總表、赴大陸投資資料彙總表、營益分析彙總表等。在這些彙總表中，有一些是將所有的上市公司資訊放在同一個表中加以比較，但也有一些只列出公司名稱，進入到個別公司後與前面的數據資料無差異。比如在年度財務預測彙總表中，會把所有上市（或上櫃）公司的資料依據代號將逐季的預測值列出，如下表為由台泥到台塑的財務預測彙總報表，除了全年營收與盈餘預測外，還包含營業外收入支出以及每季的稅前盈餘預估，做為判斷公司預測與實際差異的參考。

93年度「年度財務預測彙總表」

案例 CASE STUDY

公司代號	公司名稱	版本 (序號+預測種類)	營業收入	營業毛利	營業損益	營業外收入	營業外支出	稅前損益	預計每股稅後盈餘	第一季稅前純益	第二季稅前純益	第三季稅前純益	第四季稅前純益
1101	台泥	00	26,399,733	2,159,096	1,562,344	3,975,640	1,890,984	3,647,000	1.06	1,270,046	788,320	892,139	696,495
1203	味王公司	00	2,299,605	586,948	36,714	168,282	145,136	59,860	0.12	2,618	18,859	15,889	22,494
1203	味王公司	1	2,446,425	636,328	134,749	183,442	134,860	183,331	0.75	98,330	38,151	28,900	17,950
1235	興泰	00	1,290,128	143,867	13,225	28,500	9,400	32,325	0.74	24,684	1,277	5,077	1,287
1301	台塑	00	96,498,790	19,513,089	13,242,387	10,011,310	3,197,090	20,056,607	3.70	5,942,573	5,142,441	4,781,794	4,189,799

單位：千元

案例 CASE STUDY ── 93年6月營業收入統計彙總表 ➜

產業別：橡膠工業

公司代號	公司名稱	營業收入					累計營業收入		
		當月營收	上月營收	去年當月營收	上月比較增減（%）	去年同月增減（%）	當月累計營收	去年累計營收	前期比較增減（%）
2101	南港輪胎	551,471	542,601	420,081	1.63	31.27	3,080,778	2,365,894	30.21
2102	泰豐輪胎	327,937	375,234	352,225	-12.60	-6.89	1,926,933	2,023,079	-4.75
2103	台橡	834,906	812,295	673,582	2.78	23.95	4,466,911	3,599,213	24.10
2104	中橡	228,368	235,987	255,493	-3.22	-10.61	1,317,443	1,321,791	-0.32
2105	正新	1,130,843	1,015,739	951,956	11.33	18.79	6,472,802	5,256,426	23.14
2106	建大	303,505	311,050	297,900	-2.42	1.88	1,741,972	1,647,101	5.75
2107	厚生	96,275	96,989	74,098	-0.73	29.92	566,698	532,512	6.41
2108	南帝化工	240,538	212,274	182,859	13.31	31.54	1,357,293	1,214,041	11.79
2109	華豐橡膠	219,504	213,616	207,455	2.75	5.80	1,266,093	1,124,067	12.63
合計		3,933,347	3,815,785	3,415,649	3.08	15.15	22,196,923	19,084,124	16.31

單位：千元

董監股權異動

重點：董監事持股餘額明細資料、
　　　內部人持股轉讓事前申報彙總表

　　董監股權異動中包含董監事持股餘額明細資料、董監事股權異動統計彙總表、內部人持股轉讓事前申報彙總表、股權轉讓資料查詢，在此項目中，可以看出董監事的持股情形。一旦公司董監事持股愈來愈少，對於公司老闆看好自家公司遠景的談話就要持保留態度。在內部人持股轉讓事前申報彙總表中，可以輸入某年某月的資料，則會出現該月所有轉讓申報的資料。

重大訊息

重點：最近三月歷史重大訊息

　　重大訊息中包含當日重大訊息、歷史重大訊息、最近三月歷史重大訊息，這些重大訊息是公司發布的，證期會近年來特別強調公司重大訊息發布的重要性。證期會說：「近期發現媒體以廣告形式刊登特定上市公司財務、業務相關資訊，為避免誤導投資人判斷，請投資人多加利用『公開資訊觀測站』，查詢由上市公司所發布之重大訊息，審慎評估謹慎投資。」而在很多媒體上，的確看到以廣告化來誇大公司獲利的報導，有些資料是公司提供，但有些純為市場特定的主力人士所發布。特

別是有很多廣告，當公司還在虧損時，就已經預測公司將於明年賺××元，類似這樣的內容，公司都會在重大訊息內容中澄清說明。

案例 CASE STUDY ──────────── 日　馳 ──────────→

　　92年12月8日，在報上登出日馳將於明年每股盈餘挑戰4元的報導，日馳在當日的重大訊息中就澄清這樣的說法。但有些公司是因爲沒有做財測，所以對於發布的訊息「一概否決以避免麻煩」，而有些公司則認爲媒體上獲利預估的達成性機會幾乎是零，投資人在看這樣報導時，還必須加以配合其獲利情況研判之。

序　號	1	發言日期	92/12/08	發言時間	15:00:33
發言人	徐于婷	發言人職稱	副總經理	發言人電話	（03）3544979
主　旨		澄清報載法人估日馳明年每股稅前盈餘挑戰四元之報導			
符合條款	第二條　第31款		事實發生日		92/12/08
說　明		1.傳播媒體名稱：經濟日報25版 2.報導日期：92/12/08 3.報導內容：八段內變速器毛利率高，即將量產，法人估明年每股稅前盈餘挑戰四元。 4.投資人提供訊息概要：不適用 5.公司對該等報導或提供訊息之說明：此為市場預估值，非正式財務預測公告，特此澄清。 6.因應措施：無 7.其他應敘明事項：無			

註：本資料由（上市公司）日馳提供。

2. 證券公司的網站

　　較大的證券公司都會提供公司的一些資訊，其中很

多都已經是整理過的資料，使用起來便利性較高。筆者提供兩個證券公司網站做為參考：一是華南永昌（http://just2.entrust.com.tw），另一個則是兆豐金控的倍利國際（http://www.bisc.com.tw）。在本書中，若有用到證券公司的資訊，則以倍利國際的網站內容為例，加以說明。

在倍利國際網站中輸入個股代號，就可以看到網頁的左邊出現了個股K線圖、動態報導、基本分析、籌碼分析、財務分析、技術分析，其中與本書較相關的為基本分析與財務分析。

基本分析

重點：基本資料、營收盈餘

基本分析包含：基本資料、股本形成、股利政策、經營績效、獲利能力、土地資產、轉投資、營收盈餘、重大行事曆、產銷組合等。在基本資料中，主要包含了最近幾年的最高市值、最低市值等資料，而這些資料是用來計算公司歷史的本益比、淨值比的重要依據。下頁案例為中鋼最近幾年的一些基本市場成交資料；在營收盈餘資料中，則列出了最近四年每月的營收資料、年增率及達成率。這是將公開資訊觀測站的資料加以整理之後，非常值得參考的資料。

財務分析

重點：建議參考使用

　　財務分析中包含資產負債簡表、資產負債季表、資產負債年表、損益季表、損益年表、財務比率季表、財務比率年表、現金流量表，這些資料都經常會用到。不同的是，公開資訊觀測站上的損益表是「一段期間的資料」；而在倍利國際網站中的財務報表資料，損益表的季表是「每季的損益資料」。若以92年第三季來看，公開資訊觀測站上面的是「92年1月1日至9月30日」這段期間的獲利資料，也就是包含第一季、第二季、第三季的獲利情形，而在倍利國際網站上的損益季表，則表達出是「92年第三季」（即92年7月1日至9月30日）的損益情形。

案例 CASE STUDY　中鋼（2002）基本資料

最近交易日：07/13　市值單位：百萬

開盤價	33.50	最高價	33.60	最低價	33.10	收盤價	33.30
漲跌	-0.10	一年內最高價	35.30	一年內最低價	23.60		
本益比	6.78	一年內最大量	271,317	一年內最低量	14,829	成交量	32,350
同業平均本益比	7.69	一年來最高本益比	10.03	一年來最低本益比	5.62	盤後量	45
總市值	314,762	85年來最高總市值	329,886	85年來最低總市值	104,203		
投資報酬率		財務比例（93.1Q）		投資風險			
今年以來	18.09%	每股淨值（元）	18.20	貝他值	0.76		
最近一週	3.42%	每人營收(千元)	3,937.00	標準差	1.72%		
最近一個月	11.74%	每股營收（元）	3.70				
最近二個月	14.04%	負債比例	25.00%				
最近三個月	-4.58%	股價淨值比	1.83				
		營收市值比	50.83%				

基本資料		獲利能力（93.1Q）		前一年度配股		財務預測(93)	公司估
股本（億）	945.23	營業毛利率	34.5%	現金股利	3.00	預估營收(億)	1599.99
成立時間	60/12/03	營業利益率	30.9%	股票股利	0.35	預估稅前盈餘	595.00
上市（上櫃）時間	63/12/26	稅前淨利率	35.5%	盈餘配股	0.35	預估稅後盈餘	464.44
股務代理	02-23892999	資產報酬率	4.5%	公積配股	0	預估稅前EPS	6.29
董事長	林文淵	股東權益報酬率	6.1%	現金增資（億）	N/A	預估稅後EPS	4.74
總經理	陳振榮			認股率（每千股）	N/A		
發言人	陳源成			現增溢價	N/A		
營收比重	鋼品100.00%						
公司電話	07-8021111						
網址	http://www.csc.com.tw						
工廠	高雄市小港區中鋼路1號						
年度	93	92	91	90	89	88	87	86
最高總市值	329,886	269,391	187,213	189,839	229,344	227,632	204,311	244,592
最低總市值	260,884	177,946	123,685	104,203	153,096	130,301	157,175	166,263
最高本益比	10	9	41	15	15	15	11	16
最低本益比	6	6	9	8	10	9	9	11
股票股利	N/A	0.35	0.15	0.20	0.30	0.20	0.50	1.00
現金股利	N/A	3.00	1.40	0.80	1.50	1.30	2.50	1.10

3. 其他訊息來源網站

　　除了上述公司基本財務資訊以及營運情況的報表外，對於投資人來說，最關心的應該還是公司相關的新聞，以及一些提供研究報告的網站；當然有一些很專業的網站（像是對於航運評論的中航網、鋼鐵業的Steelnet華人專業鋼鐵網，電子類就更多了），對於了解公司發展與產業前景固然必要，但還必須搭配其財務報表來分析，而本書既是以財報分析為主，就不針對這些

網站詳細介紹，只提出一些常見且筆者認為可以看出市場研究的網站做為參考。

公司的新聞資料

公司的訊息資料，以證券基金會中的「真相王」擁有各報紙對公司相關資料的報導，堪稱最為完整，不過是必須付費的。在入口網站yahoo（http://tw.yahoo.com/）首頁中，你可以進入股市，然後在個股下（輸入個股的代號），也會有此公司的一些新聞訊息或評論資料（這些資料大多來自中央社、時報或是鉅亨網），除yahoo外，一般的入口網站如PChome的股市中，也可以查到這些公司的新聞資訊。這些新聞中，有些是公司在法人說明會後提供的新聞稿，有些是公司的獲利情況描述，有些則是市場小道消息。在看這些新聞資訊時，自己要再加以評估，畢竟，新聞的內容經常都過於樂觀。

研究報告類

若你想要看看證券投顧公司、證券公司對一家公司或產業的研究報告，除了各大券商的網站外，整理較多家投資機構而成的研究報告網站包括：哈網（http://www.haa.com.tw）、鉅亨網（要加入鉅亨網會員，http://www.cnyes.com）、聯合理財網

（http://money.udn.com），可以在這些網站中找到產業或個股的研究報告。由於現在上市上櫃的公司超過1,000家，並非所有的公司都有研究報告；而對於較為熱門的公司或者產業研究報告，則仍可以當作參考。研究報告的重點在於了解目前產業的情況，也多少可以知道公司的經營方向。

案例 CASE STUDY　在聚亨網中查詢93/5/7至93/7/7之間有關奇美的研究報告如下：

您查詢到共有下列研究報告

日期	主題	報告種類	閱次	提供機構
06/29/04	【週報】短中長線佈局之投資策略	證券市場	1435	復華證券
06/25/04	台灣平面顯示器展及光電大展巡禮	產業研究	710	建華投顧
06/14/04	上市LCD族群股價被委屈了嗎？	產業研究	2742	寶來證券
06/10/04	【月報】數位電視時代－LCD TV 的挑戰與商機（三）	產業研究	2282	富邦證券
06/10/04	【月報】數位電視時代－LCD TV 的挑戰與商機（一）	產業研究	1110	富邦證券
06/10/04	【月報】數位電視時代－LCD TV 的挑戰與商機（二）	產業研究	897	富邦證券
06/01/04	【週報】5/31-6/4投資組合	投資組合	1123	大華證券
05/18/04	【週報】5/17～5/21投資週報	證券市場	1261	金鼎證券
05/12/04	LG. Philips赴美掛牌是否引起面板股資金排擠效應？	產業研究	650	金鼎證券
05/11/04	【週報】最新公司拜訪報告重點	證券市場	1273	大眾綜合證券
05/11/04	奇美電（3009）：買進，目標價88元	個股研究	427	元大京華
05/10/04	奇美電（3009）：短期60-72元區間操作，長期買進目標價95元	個股研究	440	金鼎證券
05/07/04	奇美電（3009）：維持買進	個股研究	762	玉山證券

二、財務報表基礎

　　財務報表中，最常見的有損益表、資產負債表與現金流量表等三種主要的報表。證期會對於國內上市上櫃公司的要求是，必須在每季公布其上一季的損益表、季底的資產負債表與現金流量表（以往航運相關公司半年才公布一次報表，自2003年起，改爲每季公布一次），而由於目前國內生產基地在國外者愈來愈多，所以在每年年底，公司還會編製合併的損益表、合併的資產負債表以及合併的現金流量表，讓投資人有更多資訊可以參考。

　　除此之外，公司當年有籌資計畫時（包括現金增資、可轉換公司債），則會有公開說明書的印行；在公開說明書中，會有公司過去幾年的財務報表資料，更有助於讓投資人了解公司的經營情況。

財務報表的資料來源

　　若要更方便的查詢公司重要財務資料，其資訊可以在上一節提到的公開資訊觀測站、已下市公司可到證券基金會的資訊王（http://www.sfi.org.tw/newsfi/chinese.asp）網站查詢，而上一節中提到的證券公司網站中，也有整理後的財務報表資訊。另外，每季發行的財訊公司股市總覽、工商時報發行的四季報，都有簡易的財務資料可供投資時的參考。

財務報表不僅僅是比率分析

在這三種報表中，最重要的是能夠了解報表中重要的會計科目意義，以及其可能的問題所在，以便於看公司報表時，就能夠思考報表內容中所隱含的問題；在一般財務管理書上所提到的比率分析（筆者稍後還會詳述），用來判斷公司的好壞是不夠的，而其中損益表與資產負債表內的科目，更是本書主要探討的內容。

1. 損益表

損益表（income statement）又可以稱為盈餘報告表，主要陳述公司於某一段期間內的獲利情況，例如公司的年報，就陳述一年內的獲利情形，半年報則陳述半年內的獲利情況。

公開資訊觀測站中的損益表內容，是一段期間內的獲利情形，比如下表為勝華科技92年第三季的損益表，表示其為92年1月1日至9月30日的獲利情形。

案　例 CASE STUDY ──本公司採　月制會計年度（空白表歷年制）──➤

單位：新台幣千元	民國91年及92月09月30日			
會計科目	92年09月30日		91年09月30日	
	金額	%	金額	%
銷貨收入總額	6,629,126.00	102.42	5,115,614.00	100.79
銷貨退回	133,418.00	2.06	8,052.00	0.15
銷貨折讓	23,626.00	0.36	32,413.00	0.63
銷貨收入淨額	6,472,082.00	100.00	5,075,149.00	100.00
營業收入合計	6,472,082.00	100.00	5,075,149.00	100.00
營業成本合計	5,402,812.00	83.47	4,237,127.00	83.48
營業毛利（毛損）	1,069,270.00	16.52	838,022.00	16.51

註1：本資料由（上市公司）勝華科技提供。
註2：各會計科目金額之百分比，係採四捨五入法計算。

而損益表的基本構成爲：

```
  營業收入
－ 營業成本
＝ 營業毛利
－ 營業成本
＝ 營業利益
＋ 營業外收入
－ 營業外支出
＝ 稅前盈餘
－ 稅
＝ 稅後淨利
```

2. 資產負債表

　　資產負債表（balance sheet）又稱爲財務狀況表，
此報表主要在表達公司於某一特定日期當時的資產與負
債情況。由於資產負債表是用來表示特定時間點的資產
負債情形，所以又稱爲靜態報表。

資產負債表是由資產、負債與股東權益組合而成，下表是華碩公司92年9月30日的資產負債表，表示華碩在9月30日當天的資產負債部分情形。

案例 CASE STUDY　　　　華碩　資產負債表查詢

單位：新台幣千元	民國91年及92年09月30日			
會計科目	92年09月30日		91年09月30日	
	金額	%	金額	%
資產				
流動資產				
現金及約當現金	10,602,108.00	12.28	24,859,143.00	32.20
短期投資	7,669,882.00	8.88	4,524,697.00	5.86
應收票據淨額	40,995.00	0.04	70,991.00	0.09
應收帳款淨額	4,674,544.00	5.41	9,282,663.00	12.02
應收帳款——關係人淨額	2,570,468.00	2.97	2,664,258.00	3.45
其他應收款	208,461.00	0.24	343,906.00	0.44
存貨	12,143,223.00	14.07	9,276,731.00	12.01
預付款項	169,727.00	0.19	143,514.00	0.18
其他流動資產	389,562.00	0.45	288,992.00	0.37
流動資產	38,468,970.00	44.57	51,454,895.00	66.66

註：各會計科目金額之百分比，係採四捨五入法計算。

　　而在資產負債表中，其一般的內容如下：

流動資產	短期負債
現金	應付帳款
應收帳款	應付費用
存貨	短期借款
長期投資	長期借款
固定資產	股東權益
	普通股
	保留盈餘
	資本公債

3. 現金流量表

　　現金流量表用來表達在這一期中，現金的流入與流出情況。在現金流量表中，分成營業活動之現金流量、投資活動之現金流量、融資活動之現金流量，而現金流量表可以用來判斷企業現金流量是否正常，在獲利之餘是否有足夠的現金因應。現金流量表是透過資產負債表及損益表與上一期做比較，以此來了解本期的現金流進與流出情形（比如，92年前三季的現金流量表所比較的資產負債情況，是與91年底的資料做比較）；而年度的現金流量表，就用來與上一年度做比較。

　　下表為93年第一季京元電子的現金流量表：

 案例 CASE STUDY　京元電子股份有限公司　現金流量表

民國93年1月1日至3月31日及民國92年1月1日至3月31日
（金額均以新台幣千元為單位）

項　　　　目	93年度	92年度
營業活動之現金流量：		
本期淨利	$ 734,145	6,340
調整項目：		
折舊（含其他資產）	845,783	774,469
各項攤銷	36,002	34,024
遞延所得稅淨變動數	（125,053）	（107,861）
依權益法認列之投資損失	4,280	3,963
處分固定資產淨利益	（3,554）	（4,544）
處分投資利益	（7,003）	（4,153）
應收票據（增加）減少	53,004	（12,215）
應收帳款（增加）減少	（316,983）	101,842
應收關係人款項（增加）減少	（48,041）	5,062

存貨增加	（7,225）	（1,231）
其他金融資產（增加）減少	64,504	（12,403）
其他流動資產減少	18,054	3,692
應付票據增加（減少）	28,475	（50,235）
應付帳款增加（減少）	4,468	（1,543）
應付關係人款減少	（6,139）	（2,010）
應付費用及其他流動負債增加	25,937	51,353
利息補償金估列數暨匯率調整數	726	29,397
應付公司債匯率調整	（71,107）	-
應計退休金負債增加	2,996	2,006
營業活動之淨現金流入	**1,233,269**	**815,953**
投資活動之現金流量：		
受限制資產（增加）減少	（7,000）	13,500
短期投資淨減少	5,464	4,153
購置固定資產	（3,208,579）	（720,184）
處分固定資產及遞延資產價款	37,831	342,441
處分長期投資價款	9,938	-
遞延資產增加	（111,559）	（55,204）
存出保證金減少	46,855	25,385
投資活動之淨現金流出	**（3,227,050）**	**（389,909）**
融資活動之現金流量：		
短期借款減少	（350,132）	（507,981）
長期借款增加	460,064	477,989
應付租賃款減少	-	（27,528）
應付分期款減少	-	（10,881）
存入保證金減少	（14,342）	（150,720）
發行第二次海外可轉換公司債	3,369,000	-
購入庫藏股票	-	（16,303）
私募普通股	-	272,467
融資活動之淨現金流入	**3,464,590**	**37,043**
本期現金及約當現金增加數	1,470,809	463,087
期初現金及約當現金餘額	1,534,967	1,102,205
期末現金及約當現金餘額	**$ 3,005,776**	**1,565,292**
現金流量資訊之補充揭露		
本期支付利息（不含已資本化之利息	$ 19,115	39,178
本期支付所得稅	**$ 53**	**79**

不影響現金流量之投資及理財活動		
累積換算調整數	$ (9,513)	261
一年內到期長期借款	$ 1,593,608	1,630,908
可轉換公司債轉換普通股	$ 235,235	-
部分影響現金流量之投資及融資活動		
購置固定資產增加數		
購置固定資產	$ 3,743,400	787,433
加：期初應付設備款	323,095	282,517
減：期末應付設備款	(857,916)	(349,766)
現金支付數	$ 3,208,579	720,184
處分固定資產及遞延資產收現數		
出售固定資產及遞延資產價款	$ 108,320	342,441
加：期初尚未收款帳列其他應收款數	212,663	-
減：期末尚未收款帳列其他應收款數	(273,380)	-
匯差	(9,772)	
現金收現數	$ 37,831	342,441

4. 如何運用這三份報表

　　無論是損益表、資產負債表或是現金流量表，要完全了解企業的經營情況，這三種報表都是相當重要的。在國內投資人心目中，最重視的莫過於損益表，且大多只注意最後損益的數字，也就是只關心損益表的淨利部分，其實這是不夠的。

　　爲什麼只關心淨利是不夠的呢？試想，一家淨利不錯的公司卻無法帶來現金的流入，這樣的淨利根本無法帶來好的現金流量，在公司需要資金時，將會有資金的週轉危機，此爲一；第二，當公司的獲利佳，但卻都沒有現金流入，表示公司資產的管理不佳，其現金可能都

在存貨與應收帳款上了，而未來這些存貨是否能夠有現在的價值？應收帳款未來是否能夠回收？這些不確定性因素極高，在這樣的情況下，現在的獲利未來可能也會因為存貨無法處理及應收帳款無法回收而不見。第三，即使是淨利本身，也牽涉到淨利品質的問題，當公司的獲利品質不佳，未來要能夠持續這樣的獲利變得很困難，所以只關心淨利是不夠的。

雖說如此，但損益表中的獲利無疑是這幾種報表中最重要的一部分，投資人不會去買一家「資產品質良好且無財務疑慮，但獲利卻其差無比」的公司，也不會去買「現金流量都為正，但獲利情況極差的公司」，因此，筆者認為資產負債表與現金流量表比較適用於做為輔助判斷「損益表」的角色。

所以，站在投資的觀點，關於這三份報表的綜合運用，筆者所認為的程序如下：

（1）首先判斷損益表的獲利是否不錯。

（2）當損益表的獲利不錯時，判斷此獲利的品質如何？

（3）若損益表的獲利不錯且品質也還好時，接下來判斷資產負債的品質，是否對未來的損益有負面的影響，或者公司的資產負債情況惡化，有潛在操弄損益的可能性。

（4）當損益的獲利與品質皆不錯，再加上資產負債上的

品質不至於太差，接著看看現金流量表，是否有公司出現獲利但營運現金流量一直流出的現象。

若能通過這樣的程序，則即使外在經營環境出現變化，公司的財務情況仍佳，在股價上也才不至於買到所謂的「地雷股」而怨嘆不已！

案例 CASE STUDY　　　　　　　　旺宏電子

項 目　　　　　　年 度	92	91	90
稅後淨利	-8,197,745	-11,356,163	-866,480
營運活動現金流量	3,097,203	983,188	8,857,314

單位：千元

旺宏電子這幾年的獲利情況不佳，但營運活動的現金流量卻表現不錯。

像旺宏這樣的公司，損益表持續在獲利出現黑字，但營運現金流量都不差，表示公司的現金流入來自營運現金流量，這對旺宏是好事；但由於損益表現不佳，即使是正的營運現金流量，也不是好的投資對象。

三、本單元重點小結

本單元描述兩個主要內容,一是如何在網路上找到適合的資訊,第二個重點在於財務報表的基礎與觀點。

網路上的資訊,可以分為與財務報表有關的報表,以及與研究報告有關的網站,重點如下:

● 公開資訊觀測站與證券基金會網站的資料相當豐富而完整,且不需要付費,是最好的資訊來源。

● 聚亨網的研究報告多,還具備公司即時訊息與原物料的商品報價,也算是整理得極佳的網站。

● 倍利國際證券的券商網站,幫你把證期會的損益表以「各單季」呈現,再加上每季的財務報表比率資訊、最高與最低市值的內容,實用性極高。

而在財務報表基礎上,因強調每種報表的基本,而有下列幾個重點:

● 財務報表分為損益表、資產負債表與現金流量表。

● 三種報表都很重要,但以投資股票與股價為考量,則損益表最關鍵,唯要輔以資產負債表與現金流量表,方能不被損益表的表面數字所蒙蔽。

● 財務報表分析不僅是比率分析,更重要的是科目的內涵。

PART TWO

損益表的品質

本單元主要在描述如何觀察損益表，然後加以判斷，進而在看到公司損益時，了解什麼樣的獲利才是「好品質」的損益，而在什麼樣的情況下，所看到的資料雖是高EPS，但卻是「低品質」的損益。

一、營業收入

　　營業收入（或稱為銷貨收入淨額）是以銷貨收入減去銷貨退回所得的數值。一般情況下，銷貨退回的金額所占比率很低，所以銷貨收入與營業收入的差異性並不大，而若銷貨退回的金額有明顯增加的現象時，就要特別注意了。

　　在報章媒體上所看到的「××公司本月營收較去年同期大幅成長」，指的就是營業收入。依證期會規定，公司的每月營收，必須在次月的10日前公布，因營業收入的成長與否是觀察公司營運的第一步。

　　而營業收入是產品的單價乘上產品的銷售數量，所以產品價格的上漲下跌以及銷售數量是否增加，對於營收都有很大的影響。常聽到「公司發展一個新產品，其未來展望不錯」、「由於產品價格下跌，對於公司的獲利將有影響」，或者「公司即將調高產品售價，於未來的獲利有很大的貢獻」等敘述，這些敘述真假與否，於營業收入中最容易看出來，而營業收入便是提供這樣的觀察方向。

1.銷貨退回的比重

　　每個月由公開資訊觀測站中觀察個別公司的營收，都可以由其中得出銷貨退回的比重，當銷貨退回比重有上升的現象時，宜特別注意公司產品的品質是否已經出

問題而遭到退貨。

以下爲智冠公司92年9月的銷貨收入與銷貨退回數，表示在92年9月的銷貨收入2.92億中，銷貨退回與折讓的金額爲0.66億，比重大約爲22.6％。

 案 例 CASE STUDY　　　　　民國92年9月

項目	名稱	當月金額（元）
（1）	遊戲軟體	292,701,000
（2）		
（3）		
（4）		
（5）		
（6）		
（7）		
（8）		
（9）		
（10）		
其他	備抵銷貨退回	-405,000
減	銷貨退回及折讓	65,767,000
合計	業務營收淨額	226,529,000

註：本資料由（上櫃公司）智冠公司提供。

下表爲第三波在89至90年底共五季的銷貨收入與銷貨退回，可以看出其實在90年第四季，其銷貨退回比重已經快速上升，在當時的每月銷貨退回比率上，應該已經可以看出營收警訊。

第三波	89／Q4	90／Q1	90／Q2	90／Q3	90／Q4
銷貨收入	1,013,542	577,199	650,784	586,732	567,173
銷貨退回	147,028	115,554	136,412	141,478	199,036
銷貨退回比率	14.5%	20%	21.0%	24.1%	35.1%

單位：千元

2. 營收的產品內容比重

　　報紙上經常刊登個股營收的訊息，特別是公司產品結構的調整，往往是投資人注重的焦點。有很多公司的經營項目包含多樣產品種類，當市場上的某些產品正熱門時，媒體就會報導某公司也有這樣的「熱門產品」。有愈來愈多的公司為了讓投資人更了解公司的經營項目，所以選擇在公司發布營收時，也把公司的產品比重加以說明，這樣有助於投資人了解公司經營方向的內容比重。

 　　　　　　　宏傳電子

92年3月6日，時報曾對於宏傳電子（3039）有過下列的新聞報導：

> ### 宏傳三月份寬頻及無線產品訂單滿載
>
> 【時報台北電】宏傳電子（3039）今年看好寬頻及無線市場，其中，xDSL因持續拓展歐洲及大陸市場，預估出貨將增加，占營收比重目標將提高到兩成以上。而由於該公司三月份寬頻及無線產品訂單滿載，藍芽數據機並開始出貨，營收可望回升，全年業績預估將呈現逐季成長態勢。

　　在上述報導中，大抵可以看出以數據機為主力營收的宏傳電子，似乎有往寬頻與無線市場發展的情況，此時，投資人就可以依據證券交易所的公開訊息觀測站的營收數據，看出公司的營收方向。

案　例 CASE STUDY ──── **民國92年04月** ────→

項目	名稱	當月金額（元）
（1）	寬頻產品	118,349,000
（2）	MODEM	81,212,000
（3）	OTHER	37,604,000
（4）	STB模組	4,038,000
（5）	WIRELESS	45,000
（6）		
（7）		
（8）		
（9）		
（10）		
其他	0	
減	銷貨退回及折讓	4,961,000
合計	業務營收淨額	236,287,000

註：本資料由（上市公司）宏傳電子公司提供。

而由四月起一直到92年10月，其營收的內容如下：

	92／4	92／5	92／6	92／7	92／8	92／9	92／10
寬頻產品	118,349,000	67,270,000	68,856,000	17,932,000	65,909,000	44,341,000	83,265,000
MODEM	81,212,000	52,153,000	53,436,000	53,360,000	69,531,000	91,974,000	138,295,000
OTHER	37,604,000	41,139,000	74,742,000	34,201,000	35,793,000	50,589,000	45,090,000
STB模組	4,038,000	26,000	1,220,000	2,068,000	3,220,000		
WIRELESS	45,000	106,000	16,939,000	3,259,000	4,863,000	8,133,000	14,337,000

單位：元

　　可以看得出來，其無線通訊產品（wireless）所占的比重一直不高，而其營收的金額也不穩定，所以，雖說宏傳電子未來可能往無線通訊發展，但由其營收的細目上，暫時還看不出它的潛力。

矽品

　　在封裝測試中，國內的前兩大廠商—日月光、矽品，都已經號稱他們往「高階BGA封裝」發展，而媒體也特別強調，未來的高階BGA封裝將使公司競爭力大增，但是否真的具備這樣的情形，可以由其營收的名稱來加以判斷。

　　下表是矽品在92年12月的營收情況：

項目	名稱	當月金額（元）
（1）	BGA	1,345,972,000
（2）	QFP	818,236,000
（3）	測試收入	279,476,000
（4）	SO	279,022,000
（5）	封裝其他	99,489,000
（6）		
（7）		
（8）		
（9）		
（10）		
其他	其他	52,556,000
減	銷貨退回及折讓	102,605,000
合計	業務營收淨額	2,772,146,000

　　在這個表中，BGA封裝所占的比重為48.5％，而觀察在91年12月，BGA封裝的比重為37.7％；90年12月，BGA封裝比重為47.4％；89年12月，BGA比重為31.4％；由這樣的現象大抵可以看出，矽品的BGA封裝比重上升，就如媒體所報導的「往高階的BGA封裝發展」。

3. 注意合併營收的訊息

　　由於以國外做爲生產基地的國內廠商逐漸增加，若在季報時才以權益法認列的投資收益來做爲揭露，恐有時間上的誤差以及資訊不夠透明的疑慮。所以愈來愈多公司會在每月國內營收公布時，同時公布合併營收的內容，而此合併營收，將更可以看出公司在營運上的努力與績效情形，也可以做爲公司營收表現情形的評估。

案 例 CASE STUDY ────────── **華映** ──────────→

　　下表是華映在93年5月的營收情況，從表中可以發現，當月的國內營收爲81.7億，而國內外合併營收爲114.3億。

項目	名稱	當月金額（元）
（1）	TFT-LCD面板（含PANEL半成品）	7,774,095,000
（2）	PDP面板	313,500,000
（3）	電子槍、機械設備及其他	90,274,000
（4）		
（5）	註1：海內外TFT事業部合併營收爲	
（6）	新台幣78.1億元（自結數）	
（7）	註2：海內外CRT事業部合併營收爲	
（8）	新台幣33.0億元（自結數）	
（9）	註3：海內外合併營收爲	
（10）	新台幣114.13億元（自結數）	
其他		
減	銷貨退回及折讓	6,010,000
合計	業務營收淨額	8,171,859,000

又如下表的勝華，除了每月的合併營收外，在重大訊息發布的內容中，還公布其合併的毛利率、合併的稅前盈餘等更爲詳細的經營資訊。

 案例 CASE STUDY ————— 勝 華 ————————➤

在93年5月時，於重大訊息觀測站所發布的合併營收與合併報表損益資訊。所以，對公司的合併營收或者每月是否有合併的獲利情形，除在營收情況中公布（如上面的華映）外，不妨可以到「重大訊息」中觀測公司是否有發布更爲詳細的資訊。

序 號	1	發言日期	93/05/04	發言時間	19:24:49
發言人	李淑慧	發言人職稱	副總經理	發言人電話	（04）25318899
主 旨	勝華科技九十三年四月份合併營收總額為新台幣2,125,225千元。				
符合條款	第二條　第47款		事實發生日		93/05/04
說 明	1.事實發生日：93/05/04 2.發生緣由： 　勝華科技九十三年四月份合併營收總額為新台幣2,125,225千元，較同年三月份合併營收總額2,445,958千元減少320,733千元（-13.11%），較九十二年同期營收956,390千元增加1,168,835千元（122.21%）。九十三年一至四月累計合併營收為8,365,290千元，較九十二年同期3,762,346千元增加4,602,944千元（122.34%）。 3.因應措施：無。 4.其他應敘明事項：無。				

序　號	2	發言日期	93/05/13	發言時間	19:20:08
發言人	李淑蕙	發言人職稱	副總經理	發言人電話	(04) 25318899
主　旨	勝華科技公司九十三年四月份稅前利益為453,589千元。				
符合條款	第二條　第47款		事實發生日		93/05/13
說　明	1.事實發生日：93/05/13 2.發生緣由： 勝華（2384）科技公司九十三年四月份合併營收淨額為2,058,866千元，銷貨毛利為471,082千元（22.9%），營業利益309,711千元（15.0%），淨營業外收入143,878千元（7.0%，包括投資收益162,428千元），稅前利益453,589千元（22.0%）。 累計一至四月份合併營收淨額為8,254,834千元，銷貨毛利為1,749,178千元（21.2%），營業利益1,061,927千元（12.9%），淨營業外收入103,890千元（1.3%），稅前利益1,165,818千元（14.1%）。 3.因應措施：無。 4.其他應敘明事項：無。				

4.月營收成長率與月營收變動率

營收所要觀察的，主要是其成長性。在媒體上所看到的營收成長性包含了下列幾項：

(1) 月營收成長率（簡稱YOY）

指的是與去年同期營收的比較，其計算方式是：

月營收成長率＝（本月營收－去年同期營收）／去年同期營收

(2) 月營收變動率（簡稱MOM）

是指與上月的營收比較，其計算方式為：

月營收變動率＝（本月營收－上月營收）／上月營收

(3) 季營收變動率（簡稱QOQ）

是指與上季的營收比較，其計算方式為：

季營收變動率＝（本季營收－上季營收）／上季營收

營收是否成長，主要觀察公司在市場中的經營情形基礎，不管是月營收成長、月營收變動率或季營收變動率，都可以看出此公司的營收情況。而在判斷公司營收時，與上月營收比較（即月變動率）成為愈來愈重要的一個數字，特別是在公司的營收續創新高的情況下，與上月營收比較，可以用來觀察公司成長是否趨緩的最重要指標，而營收常見的幾種情況如下：

（1）營收創新高或次新高

對公司來說，營收能夠創新高當然是最好的情形。

（2）營收較去年成長但比上月衰退

這種情形可能的原因包括公司營運由高點往下滑、季節性的因素，或去年因為某些原因而營收特別低。觀察二到三個月，若公司的營收雖仍較去年成長，但已經逐月衰退，則此時要特別注意這家公司是否營運已經轉差。特別是在營收連續創新高後，若出現連續二到三個月的衰退，可能就已經表示公司要在短期內成長的機會不大。

（3）營收比上月成長但較去年衰退

這種情形可能的原因包括公司營運已見低點，有觸底反彈的現象、上個月的營收遞延出貨，或者去年同期

的營收過高（也就是我們常說的基期過高）。

（4） 營收較上月衰退也較去年同期衰退

　　這種公司表示營運情況暫且看不出轉機，若連續衰退的情況出現，應賣出持股不留戀。

　　而在觀察營收趨勢時，建議可以多觀察幾個月，並以同性質公司的營收表現情況做為參考，若是類似產業中，只有一家營收表現佳，就可以懷疑僅是短期營收表現良好；而在判斷季營收成長時，最好可以與季獲利的變動一併參考，以免落入「營收愈高，但獲利愈差」的情況。

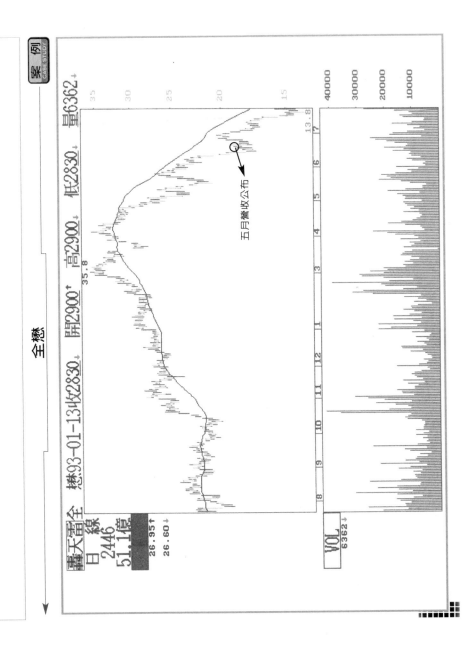

以下是全懋在92年9月至93年6月的營收統計表：

全懋（2446）月營收明細					單位：千元
年／月	營業收入	去年同期	年增率	累計營收	年增率	達成率
93／06	502,751	354,267	41.91%	3,133,535	77.81%	46.06%
93／05	510,175	339,150	50.43%	2,630,784	86.85%	38.67%
93／04	551,485	326,000	69.17%	2,120,609	98.40%	31.17%
93／03	532,353	300,825	76.96%	1,569,124	111.23%	23.07%
93／02	524,312	228,407	129.55%	1,036,771	134.56%	15.24%
93／01	512,459	213,608	139.91%	512,459	139.91%	7.53%
92／12	505,162	290,652	73.80%	4,445,369	69.17%	100.10%
92／11	487,386	264,049	84.58%	3,940,207	68.60%	88.72%
92／10	465,096	258,806	79.71%	3,452,821	66.56%	77.75%
92／09	444,793	239,146	85.99%	2,987,725	64.69%	67.28%

93年5月，全懋營收雖較92年同期成長50.4％，但已經出現93年單月營收最低的低點，且月變動率爲-7.5％；而到6月營收公布，雖仍較92年同期成長41.9％，但又較5月衰退，繼續創下93年單月營收最低。更重要的是，相對於其他封裝測試相關股，全懋的表現最差，因此，即使仍看好封裝測試，也應該換股操作了。

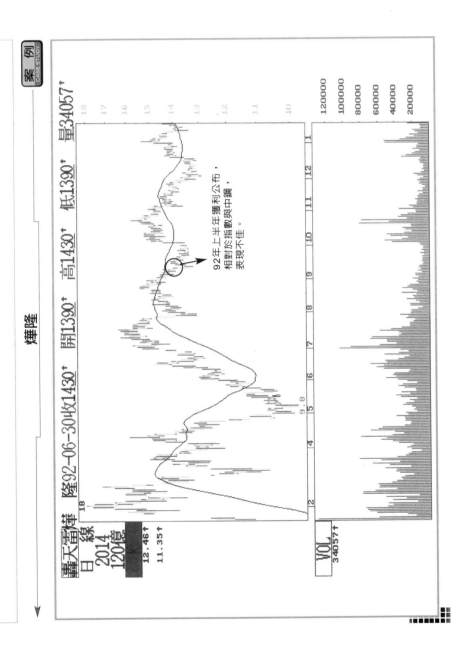

92年上半年獲利公布，相對於指數與中鋼，表現不佳。

燁隆 隆92-06-30收1430↑ 開1390↓ 高1430↑ 低1390↑ 量34057↑

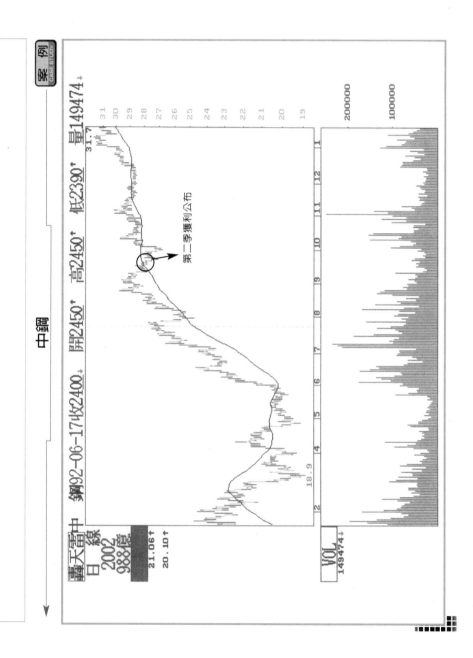

以下是燁隆於91-92年每季的損益表：

期別	92／4Q	92／3Q	92／2Q	92／1Q	91／4Q	91／3Q	91／2Q
營業收入淨額	7,971	7,564	6,786	8,109	6,665	6,118	6,070
稅前淨利	159	286	484	977	284	779	716

單位：百萬

以92年第二季、第三季與第四季來看，92年第三季較91年第三季的營收成長23.6％，而且較同年第二季成長11.5％；但第三季的獲利卻較第2季為差，也遜於去年同期水準。再看看92年第四季，營收較第三季成長5.3％，也較去年成長19％，但獲利依舊比第三季及91年第四季差，表示營收雖然成長，但獲利卻無法同步成長。所以，在股價的表現上，就遠不及鋼鐵的龍頭股「中鋼」來得佳。

5. 月營收與營收達成率

若公司有發布財測，則將營收稍微對應一下其營收達成率，不論公司是否調整財測，財測的盈餘達成才是最重要的；但若營收達成率偏低，盈餘要達成也就沒那麼容易。

6. 如何破解營收「可能的問題」

觀察營收時，將公司營收列為篩選的最基本指標，所以若以此為基本工具，一旦營收出現衰退時，選到這

種公司的機會就很低。而在實務情況中，最怕的就是選擇營收成長的公司，而落入營收成長的陷阱中。常見的情況與解決方法如下：

（1）營收成長，但外在的產業競爭卻愈來愈嚴苛

很多產業因外在的競爭而以殺價競爭做爲營收成長的要件，也就是透過殺價的競爭使公司的營收成長，這種情況下，毛利率都會有下降的現象（在＜毛利率＞一節中，筆者還會加以解釋）。

（2）突發性的營收大成長

若突然出現營收大成長，並不代表公司的轉機，反而可能是虛擬營收。當然，由股價的角度看來，可能在短期內有亮麗的演出，但是在炒作過後，股價再回到原點的可能性極高。對於這種營收突然大成長的公司，應以較爲謹愼的心態看待，而最好的方式是能夠觀察一段時間再做考慮。

（3）營收的品質有問題

最近幾年，常看到營收持續成長，但後來公司卻大虧甚至到下市的地步，很多情況下，這些營收都是有問題的營收，也就是營收存在著「營收品質」。常見的營收品質包括：爲了虛擬營收，把未來的營收灌到目前，或者出貨給一些關係人；更惡劣的當然是虛擬營收。而這些有問題的營收，大抵上可以由關係人營收、應收帳

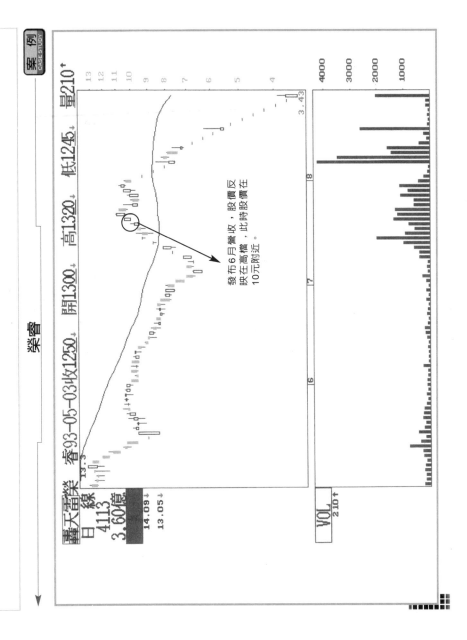

發布6月營收，股價反映在高檔，此時股價在10元附近。

款、關係人應收帳款、現金流量表等處看出來。

　　榮睿是一家以生物科技掛牌上櫃的公司。93年6月，榮睿的營收突然大幅度成長，比92年同期成長快一倍，且比93年1至5月的累計營收還要多出近4倍；而股價在7月初公布6月營收後，曾經大幅上漲幾天，然後高檔震盪；但到了8月，就傳出榮睿做假帳的訊息，若已因為營收突然大增而買進，到8月時，股價不但已經低於7月初的起漲點，更是連賣都賣不出去。所以，對於一家營收突然暴增的公司，絕不具備轉機，應以比較嚴謹的心態看待。

二、毛利率

　　毛利率是用來判斷此公司的競爭力與外在產業的競爭程度，最重要的指標。為何這樣說呢？可以由毛利率的構成來分析。毛利率是營業毛利除以營業收入；在毛利的構成中，是以營收減去營業成本，而營業成本又分為變動成本的原物料費用、人工費用，且其中的材料費用又往往是影響營收價格的主要因素，當原料價格上漲時，理論上產品的售價應該要提高，若無法提高售價或者產品漲價的幅度低，表示轉嫁困難；而若是原物料價格與員工成本沒什麼變動，但是售價卻愈來愈低（表示其毛利率降低），當然是因為外在的競爭十分激烈，不得不降低售價以增加產品的銷售。所以毛利率的提升或者下降，是用來檢視產業外在的競爭情形。

1. 營業成本

　　營業成本包含固定成本與變動成本。變動成本包括公司的原物料成本、直接人工成本等；固定成本則是指機器設備的成本，且並非以購買時的成本為考量，而以「折舊費用」做為當期的固定成本。比如公司花了10億買機器設備，若此機器設備可用10年，且每年機器成本都相同的情況下（以直線折舊法），則此機器設備每年的折舊金額為1億。以91年旺宏電子為例，當年度的營

業收入爲160億，而營業成本爲170億，其中折舊費用就占了75.6億（所以對於高度折舊金額的公司，我們常常會很在意產能利用率，因爲不管營收多寡，都有固定的折舊費用）。

　　而在直接原料部分，是以上期的期末存貨加上本期進貨，再減去期初存貨。當進貨成本或原存貨的庫存成本愈低，則營業成本愈低。例如，91年國際鋼鐵價格大漲，很多公司因爲擁有低價的原料，使得當年度的營業成本大幅下降。此時的售價上漲，但所用的原料成本還是上一期低價的原物料，自會造成毛利率的上升。（有關存貨部分，還會牽涉到公司的存貨計價方式，不過，本書並不討論詳細的存貨計價方式。一般而言，公司的會計制度不會常常改來改去，若要看這個部分，可以到公司的財務報表附註中看看公司所用的會計制度。）

2. 營業毛利與營業毛利率

　　營業毛利是指營業收入減去營業成本的值。一般而言，當營業收入提高，相對在營業成本上也會跟著增加。所以，實際上用來評估一家公司外在的競爭是否轉趨激烈時，以營業毛利除以營業收入所得的毛利率，便是一個相當重要的指標，用其來觀察公司在該產業的競爭情況，以及該產業競爭壓力的消長。不過，在許多需

要不斷投入資金，且折舊比重占營業成本比重較高的產業，會讓毛利率有很大的變動性。

案例 CASE STUDY —————→ **京元電子** ————————→

京元電子的折舊費用占營業成本高達50％，在這樣的情況下，當營收持續成長但固定成本卻不變時，突破損益點平衡後的獲利會大增，毛利率也會大增。下表為京元電子在92年第一季到93年第一季的營收與毛利率變動情況，由表中可看出營收成長了60％，但毛利率的成長更為驚人，由92年第一季的8.32％成長到93年第一季的34.84％。

期別	93／1Q	92／4Q	92／3Q	92／2Q	92／1Q
營業收入淨額（千元）	2,278	2,044	1,797	1,522	1,423
營業毛利率％	34.84	28.2	24.92	16.71	8.32

3. 毛利率的觀察與評估

如前所述，在產業研究中，要了解該產業的競爭情況，最重要的是毛利率的觀察。而在毛利率觀察的過程中，與該公司過去的資料相比較，是必須把握的重點。

觀察毛利率時，何謂高？何謂低？常常是投資人疑惑的地方。此時可以用與同性質公司以及公司過去的毛利率來比較，而在判斷毛利率高低時，也必須把當時外在的競爭者加入考量，若公司的毛利率持續下滑，表示外在的競爭壓力加大。

（1）毛利率高不一定好，但低毛利率表示產業進入高度成熟期

一般來說，很多產業都具備其特殊性，毛利率高的產業，若規模不大，則不一定是好現象。毛利率極高時，除了競爭力強之外，更有可能的情況是市場規模過小，當市場規模提升後，很容易引來競爭者的進入；反之，若毛利率低，除了外在競爭激烈外，更表示該產業已經進入高度成熟期，在這樣的情況下，雖不易吸引更多的競爭者進入，但若沒有競爭者退出，似乎就不容易有成長性的期待。

所以，筆者認為，毛利率的高低應由變化趨勢去了解，判斷外在環境是否已經出現結構性變化，以及該產業或公司的競爭力與競爭情形。

以台灣實際的股市情況看來，毛利率的變化趨勢是影響股價很重要的因素，例如國內的主機板、筆記型電腦廠商，毛利率的水準每況愈下，雖說台灣廠商在成本控制上的表現普遍較國外廠商好，但當公司為了營收而不得不以低毛利率搶單時，則造成營收雖成長，但毛利率反而快速下滑的現象。

（2）景氣循環股的毛利率

所謂的景氣循環股，意指產品價格的上揚可能是極短暫的時間，上漲的原因或許是中間商增補庫存，也可

能因原料的上揚而反映成本。此時毛利率的上漲,可能的原因是因為有便宜的存貨(便宜的庫存成本)。比如說,若塑化原料第二季的價格比第一季大漲,而擁有低價庫存的塑化公司,第二季的毛利率一定會上升;以此推之,到第三季時,若產品價格下跌,就會因為第二季庫存原料的成本較高而使毛利率下降。

景氣循環股買在高本益比,賣在低本益比?

市場上對於景氣循環股的操作,咸認為應該買在高本益比而賣在低本益比,若依上述對景氣循環股毛利率的看法,產品價因原料價格上揚而調漲,對公司來說,若第二季尚有低價原料,則第二季獲利最高,以該季的獲利看來,正好符合最高獲利與低本益比。但這樣的獲利是短暫的,當第三季使用第二季買進的原料做成本時,獲利便恢復正常(且以第三季的整體情況看來,獲利反倒下滑)。

但「買在高本益比,賣在低本益比」的操作方式,必須是產品的價格並非來自最終需求上升的短暫現象(即因為此原料上漲是短期現象)。以鋼鐵來說,在90年至91年鋼價上漲時,因受到原料上漲的帶動,在持續擁有低價庫存時(即原料價格一季比一季高,此時,上一季的原料價格就是低價原料了),毛利率也維持在高水準的位置。

另外,所謂的高本益比究竟多高,低本益比究竟多低,實則不易判斷,對於這類型的個股,必須注意觀察原料外在環境的變化而定。

（3）同時注意毛利率與營益率

有些公司的毛利率很高，但扣除營業費用後的營益率卻相當低（營業利益＝營業毛利－營業費用，而營益率就是營業利益除以營收），主因在於其成本的分類，常將營業成本的一些科目放到營業費用，所以當公司的毛利率與同業相較之下雖高，但營益率卻並不高時，就有這樣的疑慮。因此除了毛利率之外，也要一併觀察營益率。

（4）折舊年限的考量

在營業成本中，折舊往往占了大部分。當然，在這樣的情況下，若公司將折舊的期限拉長，則在前幾年，其毛利率會上升，但是對於往後的幾年，將會有比較不好的結果。然而在實務上，前幾年因為折舊年限拉長所造成的毛利率虛增，反而會造成股價異常上漲，而這部分的內容，又因為必須考量其他相關公司（特別是國外的公司）而困難度倍增。筆者建議還是以毛利率的變化趨勢做為參考，畢竟，若因前幾年折舊年限拉長而造成毛利率的提升，到後來一定會回到較為正常的毛利率。

折舊、會計利潤與現金流量

在許多公司的營業成本中，折舊費用所占的比重很高，而折舊究竟是什麼呢？它對損益表有何影響？又對於公司的現金流量有何影響？在企業的經營活動中，必須買一些設備做為生產工具。例如，DRAM製造廠商必須斥資在其生產設備上，以不斷提升它的製程能力，但對於生產設備的支出，在期初一次必須支付一筆很大的現金，而假設此生產設備可以使用10年，則相當於每年必須支付一筆製造費用（這筆製造費用的多寡，與折舊的方式有關）。舉例來說，若有一家公司期初花了10億元購買設備，該機器設備可用5年，在簡單的直線折舊法下，每年的折舊費用與現金支出如下表：

年	1	2	3	4	5
現金支出	10億	0	0	0	0
製造費用	2億	2億	2億	2億	2億

註：假設當年度年初購買設備，就立即上線生產。

表示在實質的現金支出上，只有第一年必須支付現金，往後幾年並不需要再支出現金；但在損益表營業成本中的製造費用，有關折舊的部分卻是分5年來攤提。所以在損益表的稅前淨利費用中，是包含折舊費用的，但在實際的現金流量中，若當年度無設備的實質支出，則可以看出現金流量是稅後淨利加上折舊費用。

所以，我們可以看到，DRAM廠常常會在當年賺大錢時增加資本支出，而在往後幾年，即使損益表上的獲利為負，也並不代表公司當年度的現金流量為負，這一點是在觀察損益情況以及現金流量時，必須特別注意的。

　　而個別公司間，也會因為不同的折舊方式而有不同的獲利情形。除了舉例方便的直線折舊外，公司的不同機器適用的獎勵投資條例，所造成的折舊金額也不同，比如加速折舊法，可以在取得機器的初期折舊費用高一點（當賺錢較多時，折舊金額高一些，雖稅後淨利較少，但可以少繳一些稅）。這部分在本書中不詳述，可參考相關的會計書籍。

毛利率的持續下滑與提高

　　一般而言，我們可以藉由產業的龍頭股來判斷該產業的毛利率變遷。以下是主機板的毛利率變化情況：

毛利率（％）	92／Q1	92／Q2	92／Q3	92／Q4	93／Q1
華碩	19.1	17.7	15.2	16.58	17.05
微星	12.8	8.2	10.1	10.78	7.69
技嘉	20.8	18.6	15.8	14.19	13.9

　　大抵上可以看出主機板產業表現不佳。在這三大廠中，華碩的毛利率雖也下降，但降幅有限，且都還維持15％以上的水準；微星的毛利率最差，除一直偏低外，在93年第一季時，其毛利率已經剩下7.7％；而技嘉的毛利率有逐漸下滑的現象。若觀察主機板的長期股價走勢，可以發現華碩雖也下跌，但下跌的幅度有限且較緩和；而微星由於毛利率最差，且93年第一季創下最低的單季毛利率，股價上也表現最差。由主機板毛利率變化的情形看來，該產業外在的殺價競爭壓力仍然未減。

　　再以IC製造過程中的封裝測試族群來看，以下是相關大廠的毛利率變化情形：

毛利率（％）	92／Q1	92／Q2	92／Q3	92／Q4	93／Q1
日月光	16.4	14.7	17.8	22.17	22.16
矽品	9.2	14.5	18.1	16.9	18.9
超豐	20.0	20.0	24.6	30.4	30.3
京元電子	8.3	16.7	25.0	28.2	34.8

可以看得出來，整個封裝測試的主要廠商，毛利率都有上升的趨勢。此時可以再多觀察一些公司訊息，若封裝測試的價格還有上漲的空間，則這樣的產業在股價的表現上當然就比較值得期待。

案 例　CASE STUDY　**毛利率變化大的產業**

有一些產業的毛利率變動相當大，不容易有規律性，在台灣的上市櫃中，DRAM與塑化原料基本上都屬於這一族群，以下先看看幾家公司的表現：

毛利率（%）	92／Q1	92／Q2	92／Q3
台苯	16.1	-11.6	15.5
毛利率（%）	91／Q1	91／Q2	91／Q3
南科	34.1	-2.5	19.7

台苯的產品是苯乙烯，而南科的主要產品是DRAM，91年第一季，南科的單季毛利率還在34.1％，到第二季時，降成-2.5％，而到了第三季，又上升到19.7％，這樣大幅度的變化還真嚇人；同樣的，台苯的毛利率也是如此，92年第一季的毛利率還很高，第二季就大幅滑落；若觀察這份資料來對應它的股價，可以發現台苯的股價在公布季報後，毛利率高的那一季，股價即使有高點，也已經有限；反過來說，當毛利率低的報

表公布後，即使仍有低點，也有限了，這就是景氣循環
股的特質。

在這樣的景氣循環個股中，會造成毛利率的大幅變
化，主因除了產品外在售價的大幅變遷外，就是庫存所
造成的影響。以台苯來說，假設苯乙烯的價格因為原料
成本的上漲，而造成售價由600元變成700元，但別忘
了，此時台苯有上季低價的原料，雖當下仍會進比較高
價的原料，但在會計的處理上，會用到「上一季」低價
的原料，造成毛利率大增；相反的，台苯可能因為外在
原料大降價而使得售價下滑，但此時的台苯雖有進低價
原料，但其用的可能是「上一季」的昂貴原料。

在原料價格與產品外在變化極大的情況下，毛利率
的參考意義就大減，整個外在環境的掌握實在非常快
速，像塑化原料，每年第四季都是旺季，不妨依據季節
性因素操作之。

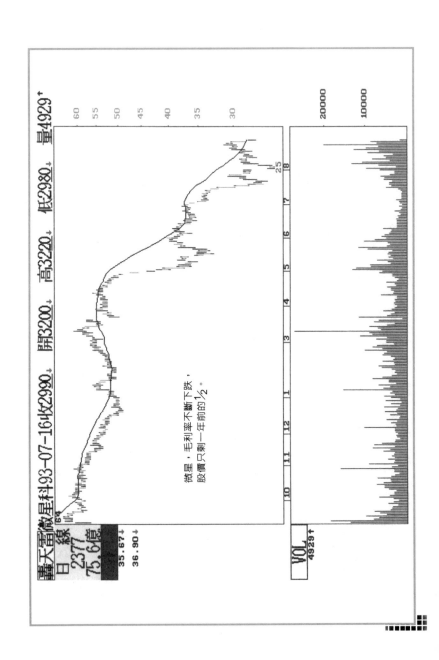

微星，毛利率不斷下跌，
股價只剩一年前的½。

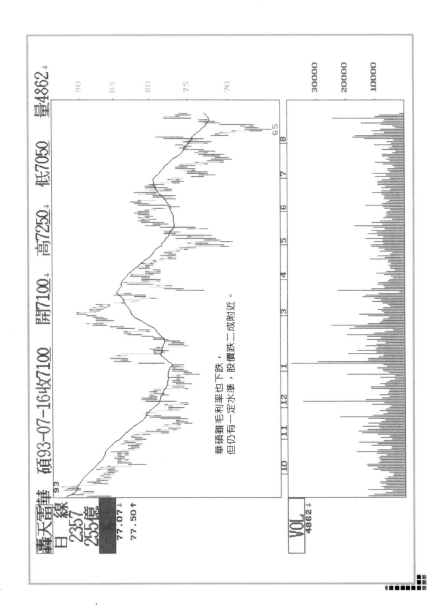

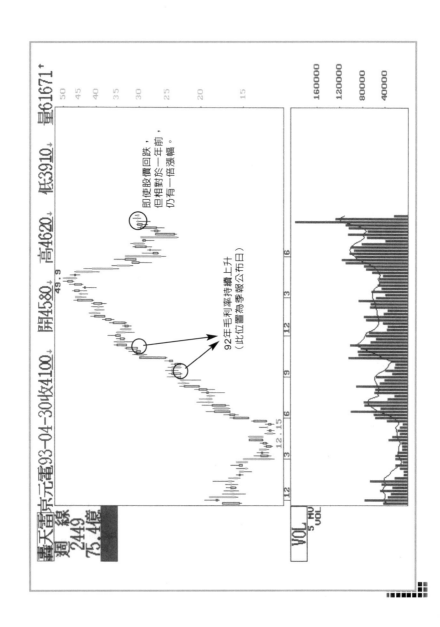

DRAM（動態記憶體）個股賣在低本益比？

　　國內的DRAM相關個股，一直是投資人的最愛，93年的DRAM相關股表現不錯。以市場上最熱門的力晶來看，在93年4月26日宣布93年的獲利預估，每股高達5.3元，第一季的獲利接近1元；而在公布財測之前，股價一度漲到接近40，公布財報後，股價在35元附近。今年第二季，力晶的獲利依舊傑出，上半年的EPS為2.43元，但股價卻來到21元附近。

　　對於這樣的情形，籌碼凌亂固然是力晶股價下跌的重要原因（股價跌、融資續增），而另外一個原因是，93年6月時，DRAM的現貨價格已經有逐漸下滑的現象出現，法人機構擔心力晶的獲利已經來到高峰而賣出持股。

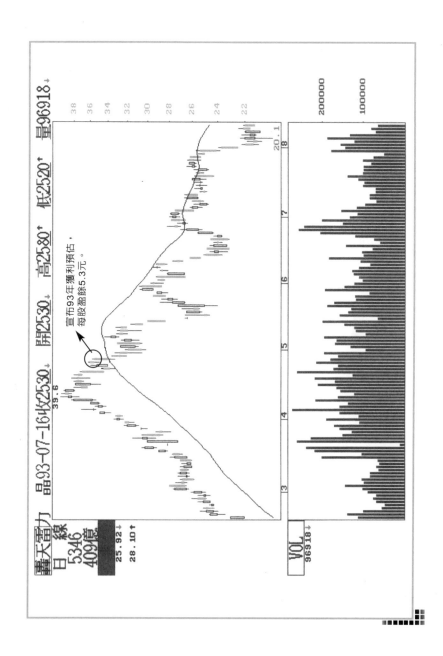

因折舊方式而造成的高毛利率

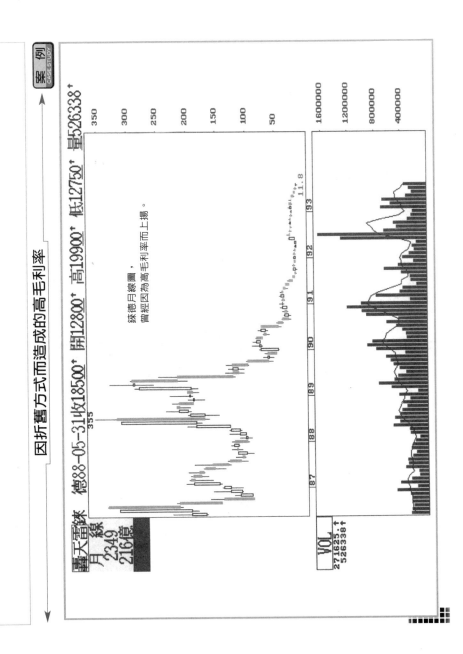

錸德月線圖，
曾經因為高毛利率而上揚。

光碟片（CD-R）產業機械設備大，故折舊金額年
限對於帳上獲利的影響不小，這可由設備累計折舊除以
其帳面值，得到粗估的設備折舊率，而推估其平均的折
舊金額，結果如下：

各CD-R公司的折舊年限

季別 折舊年限 公司	89／Q3	89／Q2	89／Q1	88／Q4
錸德	10%（10年）	9%（11年）	10%（10年）	8%（12年）
中環	16%（6年）	14%（7年）	12%（8年）	12%（8年）
國碩	12%（8年）	12%（8年）	9%（11年）	7%（14年）
精碟	13%（7年）	11%（9年）	11%（9年）	13%（7年）

90年度中，錸德的毛利率水準都還在20%以上，但
到91年第二季起，其毛利率已降至10%以下。當然，外
在環境是造成這種結果的因素之一，但另一個重要因素
在於其折舊方式的採用（在91年度明顯比中環差），故
錸德的毛利率前幾年看起來表現最佳，但實則不一定，
這是因爲折舊年限使然，而當CD-R景氣不佳時，尚未
提列的折舊相當多，對錸德的殺傷力將更大。

年度 毛利率 公司	87	88	89	90	91
中環	38.3%	45%	22.6%	28.7%	20.2%
錸德	42.0%	54%	33.5%	23.1%	9.1%

當然，在高毛利率時，其股價會有表現，但切記要追蹤此公司的毛利率表現情況。

案 例 **毛利率與營益率的配合**
CASE STUDY

毛利率最能表現外在的競爭情形，但除了毛利率外，也必須同時注意營益率，主要的原因在於，營業成本的一些科目，有可能將營益率放到營業費用中。

以下是燦坤、聯強、順發（都是通路相關公司）的毛利率與營益率：

季別 毛利率(%) 公司	91／2Q	91／3Q	91／4Q	92／1Q	92／2Q	92／3Q
燦坤	21.5	18.7	21.7	18.0	21.5	18
聯強	5.5	5.9	5.2	5.5	5.5	5.8
順發	11	10.5	10.5	10.9	10.7	11.1

季別 營益率(%) 公司	91／2Q	91／3Q	91／4Q	92／1Q	92／2Q	92／3Q
燦坤	5.6	2.4	4.0	4.4	4.7	3.9
聯強	2.9	2.7	2.7	2.9	3.1	3.5
順發	3.0	3.6	3.1	4.5	3.6	4.9

上列表格中，讀者可以清楚看出燦坤的毛利率超高，某雜誌還因此寫出：「雖燦坤面對殺價競爭，但還可維持它的高毛利率水準，實屬不易。」但若仔細觀察其營益率，就可以發現，其實燦坤的毛利率應沒有想像中那麼高。原因何在？其毛利率雖較同業高，但營益率

卻不分軒輊，本書在營益率的分析中將再作說明。但無論如何，觀察一家公司的毛利率時，若其毛利率遠大於同業，應該還是要同時觀察營益率的變化。

買毛利率高的公司抑或毛利率低的公司？

毛利率所表示的意義如上文所提，代表該產業的競爭激烈情況，或者公司本身的競爭力。一般而言，若公司的競爭力強，它的產品毛利率大抵上都會超過同業；所以在實務選股上，都會偏好毛利率逐漸上升的產業，而毛利率逐漸下降的產業則較不受市場青睞。比如里昂證券在92年12月對華碩就有如下的投資建議：「CLSA（里昂證券）發表華碩（2357）投資評等報告，指出華碩11月份營收雖再度創下新高，但主機板已漸漸日用品化，產品毛利持續萎縮，仍維持『賣出』（sell）評等。」以比較中短期的角度來看，毛利率逐漸降低的公司的確是應該避免的投資對象，但以長期而言，該產業在激烈競爭後留存下來的公司，其毛利率會再上升，不過前提是必須等到產業的殺戮戰後，有廠商退出此市場，或者因為外在環境結構改變時，才是較好的買進機會；如91年的鋼鐵產業，就是經長期產業調整後，存活下來的公司因外在環境改變所造成的情況下，獲利大幅提升；又如92年的航運業，也是外在環境結構改變下所造成的毛利率提升。

　　但當公司的規模小，而其高毛利的主因在於其他大廠商不進入，這樣的公司，在成長期階段會相當快速的成長，但同樣的，當市場規模到達一定程度時，大廠商一定會進入，此時其營運無法繼續拓展，毛利率會下滑，而公司的獲利也會受到極大的競爭壓力，比如幾年前的台灣光罩、92至93年的旭展等。以旭展來說，它曾是國內最大的TFT-LCD 信號IC製造廠商，唯當時這個市場的規模尚小，幾個主要大廠咸認為進入此部分不符經濟效益；但後來市場逐漸成長，便引來了更多的競爭者，所以旭展在92年第二季時的毛利率還有40.21％，而到了93年第一季，其毛利率已經接近20％，下滑不可謂不嚴重。

旭展的毛利率

期別	93／1Q	92／4Q	92／3Q	92／2Q	92／1Q	91／4Q
營業毛利率（％）	21.11	25.00	25.64	40.21	42.72	36.32

三、營業利益率（營益率或營利率）

　　營業利益率（以下稱營益率）是用營業利益除以營收所得的值，而營業利益是用營業毛利減去營業費用所得；影響營業毛利的主要原因在於營收與營業成本，此與外在因素有直接關係，也是產品的直接成本。相對於營業成本，營業費用的組成較偏向公司的內部，也可稱為間接成本；此間接成本可以來自公司的努力而降低（不像營業成本，往往是因為市場的影響，無法降低其成本），在短期內，透過公司的節省創造出較低的營業費用，進而得到較高的營業利益。所以，在觀察營業利益率的同時，除了觀察過去的數字外，同時觀察毛利率也是很重要的。

1.營業費用

　　營業費用包括經營公司的一些費用，如行銷費用、管理及總務費用，以及研究發展費用。當景氣不佳時，管銷費用是否能夠努力降低，將對獲利有很大的影響。不過，行銷費用、研究與發展費用對於大多數公司而言，都是未來是否能夠持續成長的重要基礎，但短期內又不一定可以看出其對營收獲利的立即效果，於是可能就有一些公司，在提高當期利益的考慮下，降低這兩項費用的支出。這樣的決策是否得宜，讀者可以單獨看看

這兩項費用再做判斷，畢竟犧牲公司長期競爭力而換得短期獲利，並不一定合適。

一般而言，營業費用會隨著營收的成長而成長，但其成長的幅度可能不若營收成長那麼迅速，尤其國內大多數的電子公司是國外大廠的「委託代工」廠，在營業費用中的行銷費用理應不與營收成正比率的成長。但值得注意的是，當公司的營收成長，而營業費用反而降低，是否表示公司透過減少行銷與研發費用等，以犧牲未來的獲利賺取短期的利益？

一般說來，公司的營業費用必須與營收有關，或者能夠持穩，營業費用高低變動過於激烈者，可能要注意其內容以及相對於獲利的比重（即營業費用是否影響到盈餘）。

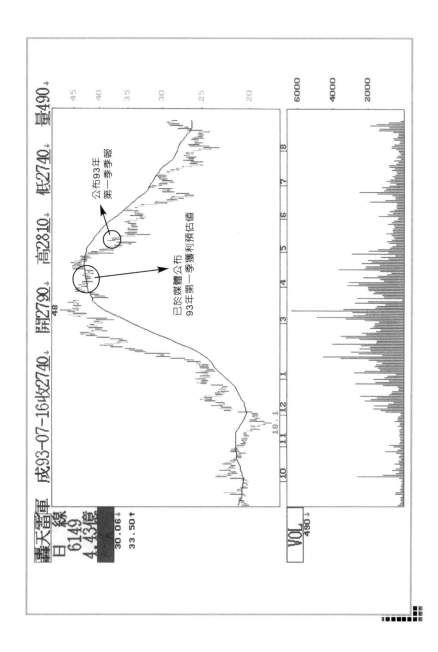

軍成科技

　　軍成科技主要是從事系統整合業務，以下是它在92年每季的損益表：

	93／Q1	92／Q4	92／Q3	92／Q2	92／Q1
營收	494,036	239,580	363,550	304,394	112,634
行銷費用	21,112	46,581	9,816	13,146	11,700
管理及總務費用	3,561	5,729	3,432	4,191	3,795
研究發展費用	1,329	2,714	2,873	2,488	2,698
營業費用合計	26,002	55,024	16,121	19,825	18,193
稅前盈餘	64,849	-7,515	33,584	37,136	-11,001

單位：千元

　　上列報表中，可以看出軍成在第四季時，營收較第三季與第二季少，但營業費用卻大增；以表上的數字來看，第四季的營業費用分別較第三季增加了38,903（千元），以及35,199（千元），而軍成一季的盈餘，也僅在3,000多萬。

　　一般說來，由於第四季財務報表詳細數字的公布，最晚是在次年的四月底，這個時間同時也是公布次年第一季財報的時刻；投資人觀點已轉往該年度的獲利作判斷，對於前一年度的資訊，就以過去式來思考，也就造成公司第四季的費用大增，這就有操控盈餘的嫌疑了。（在表中，同時也可以看出93年第一季時營收較92年第四季大幅成長一倍，但其營業費用卻只有92年第四季的一半。）

> **軍成科技相關新聞**
>
> 【93-2-2時報記者王妍文台北報導】軍成科技（6149）自結92年營收10.19億元，營業利益4,711.8萬元，稅前盈餘7,761.1萬元，稅後淨利6,297.2億元，達成財測目標108%，每股稅後盈餘1.95元。

　　上述報導中，軍成科技在93年2月2日時，對於92年的盈餘自結為7,761萬（財訊上櫃總覽93年春季號的公司盈利數字也相同），但真正於股市觀測站公布時，其稅前盈餘為5,220萬，數字上的差異極大。由於93年4月公布時，投資人已把焦點轉向第一季的獲利，不再注意92年的差異情況，而由上述的資訊中看來，第四季在營收未增加的情況下營業費用突然大增，又在93年第一季營收大增下營業費用大減，這樣的盈餘品質不佳，且有操控盈餘的嫌疑。

2. 營業利益與營業利益率

　　將營業毛利扣除營業費用後，便得到營業利益。營業利益的提升可能來自於營業毛利的提升，但若在營業毛利相同的情況下，營業利益的提升主要於來自營業費用的節省。若要以共同基礎來比較，觀察營業利益與銷售間的關係，可以用營業利益率來表示，營業利益率等於營業利益除以營業收入。一般而言，法人研究較為重

視毛利率，畢竟毛利率的影響因子是外在環境，而營業
利益率中的營業費用，是公司的內部節省。

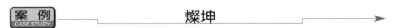

案例 CASE STUDY 燦坤

　　上一節的例中，燦坤的毛利率明顯較同性質公司為
高，但觀察一下最近的財報，其營業費用中各項占營收
的比重如下：

（%）	燦坤		順發		聯強	
占營收比率	91全年	92前三季	91全年	92前三季	91全年	92前三季
營業費用	16.22	14.74	7.16	6.55	2.80	2.46
行銷費用	12.24	12.19	5.61	5.16	1.79	1.76
管理總務	1.61	1.05	1.54	1.39	0.99	0.69

　　由上述的營業費用項目占營收比重來看，燦坤在營
業費用上所占的比重極高，而其中行銷費用的比重又相
當高，遠高於同業的比重。

　　在92年上半年的營業費用中，人事費用高達6.61億
（占營業費用14.87億的44.4％），而其營業成本中的人事
費用僅270萬，也就是說，燦坤把薪資等人事費用幾乎
已經全放進營業費用中。

　　這樣的方式在會計上是否合適，筆者不評估。但
是若僅因此而認為燦坤的毛利率比較強，產品具較大的
競爭優勢，那恐怕就要打很大的折扣了（讀者不妨想
想，燦坤3C 賣場的人事薪資都放進營業費用，合不合
理？這也是比較相關公司時要特別注意的差異點）。

四、營業外收入與支出

　　所謂的營業外收支，由科目上即可看出，指的是與營業之外所帶來的利益或是支出。一般而言，營業外收入主要包括了利息收入、投資收益、處分固定資產利益、處分投資收益、兌換利益等；而營業外支出包括利息費用、處分固定資產損失、存貨提列虧損等。理論上，在評價一家公司的價值時，必須以本業的收入為主，營業外收支不應列入考量。但由於台灣有愈來愈多企業往大陸進行本業上的投資（此為本業的業外投資），或者雖非本業但持股比率高（權益法認列），在損益表上，卻是在「投資收益」中顯示，所以也需要對業外收入與支出再做更詳細的內容判斷。

　　基本上，筆者認為要將營業外收支做為每股盈餘評估時，要考量其恆常性。有恆常性的業外收支，大抵上為「權益法認列的投資收益」或「投資收益」，雖如此，但值得注意的是，權益法認列的投資收益或投資收益並不代表就是恆常性的投資收益。

　　例如，處分投資收益（賣股票）或處分固定資產利益（賣土地）應視為非恆常性業外收益，而匯兌收益與匯兌損失，由於也不是常常如此，更與本業無關，所以也視為非恆常性業外收益。比較值得注意的是，雖是權益法認列，但若以權益法認列的投資收益都是金融操作而來，此投資收益也

應算是非恆常性的投資收益。

當一家公司的業外投資多且比重相當高時，業外投資收益評估將會更為困難；而有些公司的業外收入來源雖採取權益法的投資收益，但若此來源是轉投資公司金融操作，則這種權益法認列的投資收益，就不算是好的投資收益，唯此項數字在損益表中看不出來，必須到電子書中觀察，所以筆者建議對於突然暴增的業外收益（而且不確定它的業外收益是什麼），還是以謹慎小心的觀點視之。

所以，在權益法與投資收益的觀點上，主要的判斷內容如下：

● 是否與本業有關的恆常性收益。

● 是否為恆常性收益。

● 是否為金融投資的權益法收益。

而在電子書中，對於其投資的收益會有更詳細的說明，不妨以此為注意的方向。

1. 與本業權益法認列有關的投資收益

所謂的權益法，就是以被投資公司當年的獲利按其投資比重回饋給這家公司。比如，A公司以權益法方式投資B公司，占B公司股權的50%，若當年度B公司獲利1億元，則A公司將認列5,000萬元的「權益法投資收益」。近幾年來，很多公司在海外都有生產基地，其損

益雖放在業外收入中，但本質卻是本業的。在權益法認列的投資收益中，筆者認為可以特別注意幾個觀點：

● **公司合併營收與合併毛利、合併獲利的資訊。**

● **合併報表為重要的觀察點。**

　　愈來愈多的公司，為了讓投資人更了解公司在海外的營運情況，因此在資訊處理上透明度大增，除了公布其合併營收外，也會更進一布公布合併獲利的情形。觀察合併營收與合併獲利的情況，重要性程度將遠大於觀察單一報表。

勝　華

　　最近一年來，勝華科技將其合併營收與合併獲利的情形按月公布，以下是勝華於93年4月19日所發布的重大訊息：

序　號	1	發言日期	93/04/19	發言時間	20:17:36
發言人	李淑蕙	發言人職稱	副總經理	發言人電話	（04）25318899
主　旨	勝華科技公司九十三年一至三月份合併營收淨額為6,120,615千元。				
符合條款	第二條　第47款		事實發生日		93/04/19
說　明	1.事實發生日：93/04/19 2.發生緣由： 　勝華（2384）科技公司累計九十三年一至三月份合併營收淨額為6,120,615千元，銷貨毛利為1,278,096千元（20.90％），營業利益752,216千元（12.3％），淨營業外支出39,987千元（0.6％），稅前利益712,229千元（11.6％）。 3.因應措施：無。 4.其他應敘明事項：無。				

表示在93年的第一季，勝華的合併營收毛利率為20.9％，而合併的營業利益為7.52億元。

其93年第一季的損益表部分如下：

項目	金額	%
銷貨收入總額	3,786,955	100.00
營業毛利（毛損）	517,661	13.66
營業淨利（淨損）	47,557	1.25
權益法認列之投資收益	637,196	16.82

單位：千元

讀者可以發現，第一季損益表中的營業毛利率僅有13.66％，而權益法認列的投資收益6.37億，遠大於營業利益的0.47億，若沒有配合合併的營收與獲利來加以觀察，則對於公司獲利的評價將會有很大的差異。

從上述的例子中，你可以由合併營收與獲利的情況，來了解公司較為實際的獲利情形，但若公司沒有如勝華公布合併的獲利情況呢？在每年年底，公司會有合併的報表，這是一個不錯的觀察資料，可以了解公司的實際經營情況。以勝華來說，92年底的合併損益表部分資訊如下：

項目	金額	%
銷貨收入總額	14,824,778	100.00
營業毛利（毛損）	2,374,523	16.01
營業淨利（淨損）	1,022,498	6.89

單位：千元

由上表中可以發現其92年全年合併的營收爲148.2億，營業毛利率爲16％，營益利益爲10.2億，若僅看其損益表，其資料如下：

項目	金額	％
銷貨收入總額	10,707,312	100.00
營業毛利（毛損）	1,494,109	13.95
營業淨利（淨損）	446,913	4.17
權益法認列之投資收益	341,587	3.19

單位：千元

可以看出其毛利率有一些差異，若以合併的報表來觀看，更可知悉公司獲利的全貌。

2. 判斷是否爲恆常性收益

一般來說，當公司持有子公司的股權超過20％以上時，必須以權益法認列子公司的損益（低於20％，則看公司對其子公司是否有控制力，由公司自行決定），而公司以權益法持有子公司個股，不但可能與本業無關，也不一定爲恆常性的業外收益。比如，若一家電子公司投資一家投資公司，此投資公司對於電子公司來說絕非本業，也非爲恆常性投資。

要如何判斷是否爲恆常性投資收益呢？筆者認爲，可以由**權益法認列收益的穩定性**及**權益法投資對象的名稱與經營內容**用以做爲判斷的基準。

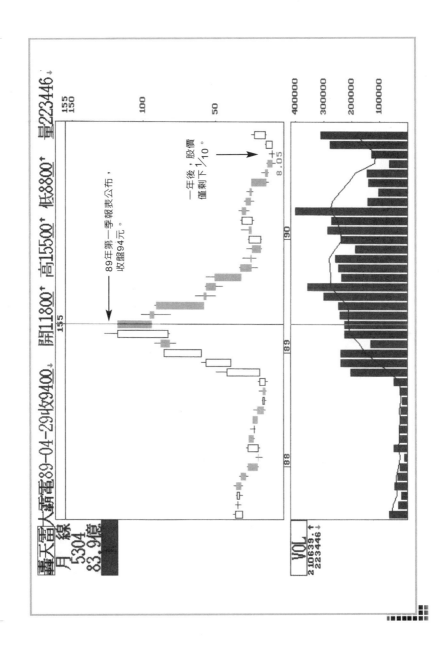

大霸電子在89年第一季時，營業利益為1.74億，投資收益為4.5億，單季的稅前盈餘高達6.22億，EPS為1.45元，從表中可以看出大霸當時的獲利來源主要是以業外收益為主，而由損益表中可知，此業外收益為「投資收益」，並不是處分資產或處分股票而得的收益。此時必須判斷此投資收益是否具備「恆常性投資收益」的條件：

案例 CASE STUDY　　　　大霸電子

項目	金額
營業收入合計	2,446,673
營業淨利（淨損）	173,879
投資收益	453,400
繼續營業部門稅前淨利	622,232
普通股每股盈餘	1.45

單位：千元

　　依據上述標準，可用其投資對象的名稱與內容來做篩選判斷，透過電子書中所公布的每季財報的詳細說明，去了解此投資收益究竟是具備恆常性的業外收益，還是非恆常性的業外收益。

　　在下列89年第一季的大霸公司財務報告書中，可以明確看出其業外投資的獲利來源為「鼎順投資公司」（投資買賣）2.28億、「金揚投資開發（股）公司」（投資買賣）2.16億，這兩項投資收益都是偏向於金融操

作，而本業有關的如大霸上海、大霸馬來西亞等公司，獲利都還是負數，可見即使是權益法認列的投資收益，也都是來自於金融投資，對於以一家以電話爲主的公司而言，這部分自應以非恆常性做爲判斷依據。（若以其本業來看，營業利益1.74億，其EPS約爲0.5元，對照當時大霸股價高達80元以上，可以發現明顯過高了。）

被投資公司名稱	地　　址	主要營業項目	本公司持有			被投資公司本期純(損)益	本公司認列之投資(損)益	備註
			股數	綜合持股比%	帳面金額			
百慕達商大霸投資公司(以下簡稱百慕達大霸公司)	P.O. Box HM1022, Carendon House, Church Street West Hamiltn HM Dx Bermuda	轉投資控股及電子產品買賣	38,280,000	100.00	991,369	(90,743)	(90,743)	子公司
鼎順投資(股)公司	台北縣中和市秀朗路三段10巷16弄3之3號4樓	對各種生產、證券投資、金融、保險、貿易、建設、文化事業之投資	18,999,994	100.00	705,388	228,524	228,524	子公司
萬洲投資開發(股)公司	台北市敦化南路二段164號5樓	對各種生產、證券投資、金融、保險、貿易、建設、文化事業之投資	14,999,994	100.00	119,981	1,328	1,328	子公司
大霸倫敦通信公司	7/10 Chandos Street, Cavendish Square, _andon W1M9DE	光電產品之銷售	1,000,000	100.00	(9,818)	(12,493)	(12,493)	子公司
大霸科技(股)公司	新竹市研發二路28號1樓	噴墨列印引擎模組研發、製造	32,386,996	66.43	422,378	98,170	65,181	子公司
喬治科技(股)公司	土城市自強街15巷2號1樓	網路設備產品生產製造	22,954,996	67.27	190,988	(273)	(184)	子公司
台耀投資開發(股)公司	台北市信義路四段187號11樓之2	投資業務	14,999,994	100.00	336,479	9,605	9,605	子公司

被投資公司名稱	地　　址	主要營業項目	本公司持有			被投資公司本期純益（損）	本公司認列投資之（損）益	備註
			股數	綜合持股比%	帳面金額			
首都投資開發（股）公司	台北市信義路四段187號11樓之1	投資業務	15,999,994	100.00	340,510	7,634	7,634	子公司
金揚投資開發（股）公司	台北市敦化南路二段164號7樓	投資業務	13,999,994	100.00	404,940	216,380	216,380	子公司
瑞第投資開發（股）公司	台北市敦化南路二段164號7樓	投資業務	18,999,994	100.00	238,133	28,168	28,168	子公司
研能科技（股）公司	新竹市研發二路28號1樓	噴墨式墨水匣製造及銷售	19,804,295	66.01	382,243	(35,405)		
富及利（股）公司	台北市信義路四段187號11樓	通訊產品之批發與零售	3,869,990	100.00	4,451	(2,693)		
大霸通信公司	3rd Flow, Wisma Wang, 251-A Jalan Bruma, 10350 Penang, Malaysia	轉投資控股業務	1,000,000	100.00	484,764	(4,906)		
英納迪爾公司	P. O. Box 71,Craigmuir Chambers, Road Town, Tortola, British Virgin Islands.	轉投資控股業務	10	100.00	(403,837)	(14,989)		
大霸電子馬來西亞（股）公司	47 Dato Koyah Road, 10050, Penang	電話零件之製造	21,000,000	100.00	260,100	(2,998)		

被投資公司名稱	地 址	主要營業項目	本公司持有			被投資公司本期純（損）益	本公司認列之投資（損）益	備註
			股數	綜合持股比%	帳面金額			
馬來西亞耐吉（股）公司	3rd Flow, Wisma Wang, 251-A Jalan Bruma, 10350 Penang, Malaysia	電話相關電子產品之製造	2,700,000	100.00	27,302	(1,908)		
上海大霸電子公司	上海市漕河涇研發區桂平路470號14樓6屋	電話相關電子產品之製造	－	100.00	77,877	(12,572)		
愛普生控股有限公司	Omar Hodge Building Wickhams Cay P.O. BOX 362, Road Town, Tortola, B.V.I.	轉投資股控業務	－	100.00	10	－		
上海大霸實業公司	上海市幸莊工業區申旺路18號	電話及相關電子產品之製造	－	100.00	201,381	(2,418)		
上海萬洲電池有限公司	上海市華庄工業區B1街坊	誤量化物充電電池之製造	－	100.00	31,145	－	－	尚未開始營運

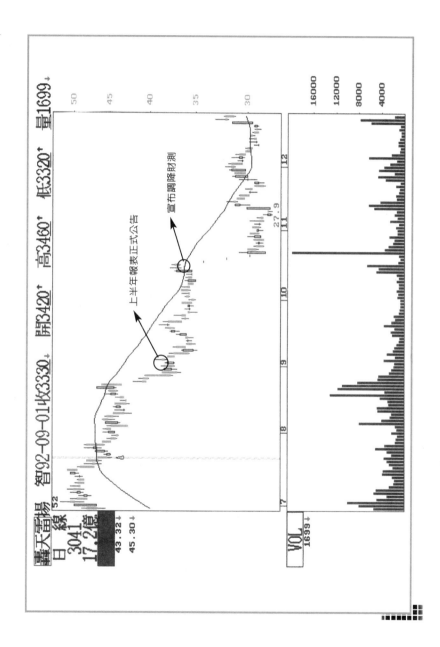

　　揚智92年上半年的營收為31億，與91年上半年營收的31.8億差異不大，而其稅前淨利卻由91年的1.99億成長到92年的2.6億，每股的盈餘也高達1.93元，若只看上述的數字，基本上會認為揚智的表現還算不錯（相對於同樣是晶片組的威盛與矽統，揚智的表現算是不錯）。但在92年10月17日，揚智突然大幅調降財測，其中稅前盈餘由4.94億元，調降至 0.1億元，調降幅度高達98％，每股稅前盈餘目標由2.9元降至0.06元。

　　基本上，揚智在92年上半年的報表中，就已經疑雲重重了。我們先由損益表的角度來研判：

- 由揚智的營業利益來看，91年上半年的營業利益仍有3.46億，而92年上半年的營業利益僅0.67億。
- 而92年第一季的營業利益為0.4億，表示第二季的營業利益僅為0.27億。
- 大抵上可看出揚智上半年的獲利來自業外收入。再觀察其業外收入，在上半年處分投資收益高達4億元，而這項數字在第一季僅為13萬，表示處分投資收益都是出現在第二季。
- 上半年若觀察權益法的投資收益，可以發現損失為0.76億，若將其與營業利益加總，可以發現本業的獲利為負數。

　　單由損益表的觀點，就可以看出揚智雖有看起來不

錯的每股盈餘，但盈餘的品質卻很差，幾乎全部來自處分投資收益的貢獻，這種情形下，若再以本益比觀點去衡量揚智，就非常不理想了。

 揚智損益表

會計科目	92／6／30		91／6／30	
	金額	%	金額	%
銷貨收入淨額	3,105,768	100.00	3,184,992	100.00
營業毛利（毛損）	1,028,541	33.11	1,253,948	39.37
營業淨利（淨損）	67,612	2.17	346,956	10.89
營業外收入				
處分投資利益	399,468	12.86	545	0.01
權益法認列之投資損失	76,740	2.47	38,214	1.19
其他投資損失	44,931	1.44	28,000	0.87
投資損失	121,671	3.91	66,214	2.07
稅前淨利（淨損）	260,583	8.39	199,165	6.25
所得稅費用（利益）	-12,296	-0.39	-8,034	-0.25
繼續營業部門淨利（淨損）	272,879	8.78	207,199	6.50
本期淨利（淨損）	272,879	8.78	207,199	6.50
簡單每股盈餘	1.93	0	1.46	0

單位：千元

五、稅前淨利、稅後淨利與每股盈餘

稅前淨利是將營業利益加減營業外收支以後所得的結果，以稅前淨利除以目前流通在外的股數，所得到的就是稅前每股盈餘，而以稅前淨利除以營業收入，得到的就是稅前淨利率。

將稅前淨利減去公司所得稅後，得到的值是稅後淨利，而以稅後淨利除以目前流通在外的股數，就可以得到每股的稅後盈餘。

至於要以稅前每股盈餘或者稅後的每股盈餘做為價值評估的基礎，目前在兩稅合一的情況下，若以公司的每股盈餘做為股利發放的基礎，筆者倒是認為以稅前盈餘做為評估不同公司間的獲利較為合理（所謂的兩稅合一是公司發給股利時為稅後股利，但可做為可扣抵稅額來報稅）。

透過中鋼來退稅

中鋼是國內公司獲利穩健的代表公司，而中鋼公司本身的稅率也高，比如中鋼93年7月23日除權息，配發3元的現金股利與0.35元股票股利，過去兩年的可扣抵稅額分別約略為30％與24％，若去年股利的可扣抵稅額為25％，當參與3.35元的股利分配時，代扣稅額為1.11元。

3.35/0.75＝4.46（稅前）　4.46-3.35=1.11（代扣金額）

假設你的所得稅邊際稅率是13％，你買20張中鋼，若除權息前一日收盤33元，則除權息參考價（不考慮員工分紅，這個部分不高）為29元，若你在除權日當天以29元將中鋼賣出，你的可扣抵稅額為：

20,000*1.11=22,200

而所得稅 4.46*13％*20,000=11,596

表示明年報完稅後，可以退稅：

22,200-11,596=10,604

而若你用一個不用扣稅的戶頭買入中鋼股票來除息，則可以退回22,200元稅金（為投入金額的3.36％）。

當然，前提是在中鋼不會貼權息的情況下（以92年來說，中鋼除權息後無貼權的情況）。

關於股本的問題

這幾年由於利率下滑，國內許多公司紛紛發行可轉換公司債。所謂的可轉換公司債，指的是投資人在一段期間內，可以用特定的約定價格，將轉換公司債轉成普通股，當股票價格往上漲後，股本也會因為可轉換公司債轉換者的增加而擴增，因此除了注意公司流通在外的股本外，另一個重要的觀察點在於可轉換公司債的轉換價格，以及可以轉換的數量與轉換規定；當公司的股價提高後，因為可轉換公司債的轉換，其每股盈餘可能會下降。

另外一個投資人常忽略的重點是，到底要用目前股本還是期末股本？期末股本是公司除權後的股本；在除權前，目前股本與期末股本有所不同，筆者認為一定要以目前股本為計算每股盈餘的基礎，畢竟現在所買的股票價格是否合理，是對應於目前的股本（換言之，若跟著參與除權，則你的持股數量也會增加）。有關普通股股本以及可轉換公司債的內容，在＜資產負債表＞一節再做進一步說明。

六、本單元重點小結

　　本單元主要說明如何判斷損益表的品質，整理出如下的重點：

- 營收突然大幅度增加，不一定就是好事情，公司可能透過提早入帳或者虛擬營收的方式，讓營收突然大成長。

- 毛利率為觀察公司面對外在環境競爭的重要指標，毛利率下跌是一個警訊。

- 毛利率是市場中關注的焦點，宜特別加以重視。

- 營業費用是公司內部的費用，較易控制，所以當公司的營業毛利不變，但營業利益卻大增，宜判斷是否在營業費用中做手腳。

- 由於多角化與國際化盛行，營業外收入可能為與本業有關之業外收入，應以是否具備恆常性做為判斷依據。

- 恆常性的投資收益，會出現在權益法認列上，但並不代表權益法認列的投資收益就是恆常性。可以輔以投資公司的名稱、經營項目等，做為公司的權益法投資是否為恆常性的參考。

PART
THREE
資產負債表品質

上一單元介紹了如何觀察損益表的品質，但在最近幾年，有很多公司在上一季損益表中表現相當出色，但過了一季之後，突然風雲變色，常有由獲利變成大虧的例子，探究其基本原因，乃在於資產品質不佳，為了提列這些不良的資產所造成的損失。

　　另一方面，過去幾年中，企業由於外在的利率低，故以「可轉換公司債」的方式籌資，公司的舉債情況大增，也造成了「償債能力」方面的可能潛在問題。到底目前的資產負債情形，對於公司未來的獲利是否有影響，公司在償債性上，又是否有無法償還的可能情勢，本書將由投資人的觀點，對於資產負債表加以分析與解說。

　　資產負債表與損益表不同，描述的是一個特定時間點的資產負債情形。比如92年12月31日的資產負債表，所陳述的就是92年底那一天公司的資產負債情形。資產負債表的主要結構如下：

××年××月××日

流動資產	流動負債
現金	應付帳款
應收帳款	應付費用
存貨	短期借款
長期投資	一年內到期之長期負債
固定資產	長期負債
	股東權益
	普通股股本
	保留盈餘
	資本公積

一、現金與短期投資

　　現金與短期投資是流動性最佳的資產，例如華碩92年第三季底的現金為106億，短期投資則為76.7億；其短期投資的內容包括：大華證券債券基金、聯合證券債券基金、聯合證券威利債券基金、德盛證券債券大囑基金、荷銀證券債券基金、友邦巨輪證券債券基金、元大萬泰證券基金、寶來證券得利基金。由此可以看出，華碩在短期投資上以變現性高且風險度低的債券基金為主，而且華碩對短期投資的心態傾向於「保守穩健」。

　　再以大霸為例，92年第三季底的現金為18億，短期投資中包含受益憑證0.25億、上市上櫃公司股票3.11億，雖短期投資比現金少，但仍可以看出公司的風格，對於短期投資是比較積極的。

　　過去在財務報表分析的相關書籍中，對於公司短期的償債能力，都會以「流動資產」（流動資產＝現金＋短期投資＋應收帳款＋存貨）或者「速動資產」（速動資產＝現金＋短期投資＋應收帳款）來加以考量，但這幾年來，由於很多公司的應收帳款與存貨品質變得很差，這部分經常無法變現，所以目前在市場上，往往會以「現金＋短期投資」做為是否償還短期債務的主要考量。

　　一般而言，為了確保獲利不佳的公司是否具備償債能

力，對其現金與短期投資的金額也會特別重視。

案例 CASE STUDY 十美

　　92年底，上櫃的印刷電路板廠商十美，突然宣布無預警停工，然而在其92年第三季的資產負債表中，單由「現金與短期投資」就可看出公司具有很大的營運風險。在該季的財報中，十美的現金與短期投資一共才1,500萬，遠較91年第三季的1.26億來得少；再者，十美在92年前三季的損益表中，稅前盈餘為虧損8,220萬，以現金的短缺、獲利不佳，再加上負債金額高來衡量，這樣的公司財務風險相當高。

二、應收帳款與應收票據

過去幾年，一些有問題的公司在出事之前，應收帳款與應收票據都會大幅度增加，於是目前面對公司的應收帳款做分析，被列為是判斷資產負債表品質的重要內容。

1.關係人應收帳款的金額

一般說來，由於一家公司的盈餘不一定需要每月公布，於是每個月的營收將成為投資人在關心該公司營運時的重要參考。公司經營者也知道這樣的情況，於是有些公司就會以「創造營收」做為每月營收的重要來源。所謂的創造營收，最常見的莫過於將公司的產品出貨給子公司，再由子公司慢慢銷售。若是子公司的銷售情況不錯，當然就沒有問題；但是，若子公司的銷售不佳，除了會造成損失，並將損失回饋給母公司外，可能也因此而收不到子公司的帳款。

所謂的關係人應收帳款，指的是應收帳款對象與公司有關（比如子公司）。在普遍國際化的情況下，一旦關係人應收帳款大增，就有商品出貨到「相關公司」的疑慮，而若營收的銷售對象也是關係人時，更應該小心其銷售的情況是否有疑慮。

當然，出貨給關係人的情形，有可能是因為專利、

授權或節稅等其他因素，但若在財報的電子書中看不出這樣的可能，對於關係人應收帳款的暴增，實應該以較為謹慎的態度看待。

案例 CASE STUDY 鼎大

　　鼎大在92年第一季的營收與獲利，都交出了亮麗的成績單，第一季的營收較去年成長了146％，而獲利也由去年的虧損順利轉虧為盈，但觀察其財務報表，發現仍有幾個有疑慮的地方：

- 整個銷貨對象集中在IWIN 與CITRON 兩家關係人，總額高達第一季的63％，雖說這樣的情況有可能是因為之前未取得飛利浦授權，只好透過有額度的公司銷售，但這樣的比重未免過高，就要持續觀察。

- 應收帳款由去年的3.14億到今年3.64億（這一點無問題，畢竟營收大幅成長）。

- 營收由92年第一季的3.91億成長到93年第一季的9.64億，增加了5.73億，但關係人的應收帳款卻由去年的1.02億，遽增到今年的7.8億，增加6.8億。應收帳款增加的金額比營收增加的金額還多，此為最大的疑點。

- 整體負債比率不高，但資產項目中關係人應收帳款占資產33％，一旦應收帳款有回收的疑慮，整個資

產品質將有很大的問題（這也是筆者一直強調，不
應單由比率分析來判斷此公司財務結構的原因）。

所以，在判斷鼎大這類型公司的營收獲利時，對於
其資產的品質，也應該同時進行了解。

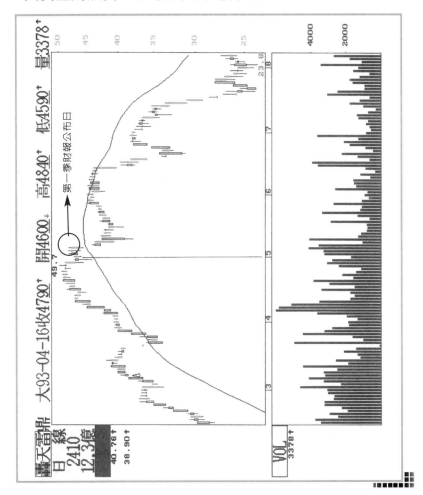

案例 CASE STUDY 特力

過去，在投資人的心目中，特力是一家獲利極穩定的公司，其所投資的特力屋與特力和樂，讓投資人對這家公司並不陌生。92年第一季，特力的營收由91年第一季的31.2億成長到42.56億，營業利益與去年相差不多，且由於91年第一季有較多的業外收益，所以稅前盈餘較佳；但若以特力92年第一季的稅前EPS仍達0.57元（92年3月底股本）來看，損益表現還算正常；再看看特力過去三年的每股盈餘，由87年到91年，每年的EPS都在2.4元以上，表現算是極佳。

但若仔細觀察特力92年第一季的資產負債表，卻已經顯露出一些可能的疑慮：

- 關係人應收帳款由91年第一季的3.14億，大幅上升到92年第一季的16.54億。

- 應收帳款由91年第一季的7.2億，增加到92年第一季的10.5億。

若將這兩項相加，則應收帳款已由91年的10.34億，大幅提升到今年第一季的27億，增加的金額為17億，而比較91年與92年第一季的營收，也才增加11.3億；應收帳款增加的幅度比營收增加的更多，這就是一個極大的疑慮。

此時，對於應收帳款的內容，特別是大幅增加的關

係人應收帳款,就必須去了解其內容:

關係人應收帳款

公司	92／1Q 應收帳款	91／1Q 應收帳款
MDI	6.94億	0
CenDyne	6.76億	0

單位:千元

CenDyne公司是特力持股100%FORTUNE MILES的被投資公司(也就是說,在特力的長期投資公司中,並未顯示這家公司)。

特力92年第一季的獲利金額為2億,其中關係人的應收帳款卻較去年大增,這樣的現象值得懷疑。而到了7月30日,第二季報表公布的前夕,特力出現的新聞稿如下:

特力進軍美國通路失利,損失6.06億元致大降財測

【時報台北電】特力(2908)進軍美國通路失利,其合作股東CenDyne支付大量的「產品價格下跌補償金」給零售商,以及高額「折價金」給消費者,造成虧損及無法按時支付貨款,特力已向美國加州橘郡法院提出對CenDyne的債權訴訟,並附帶請求假扣押CenDyne資產,估計此次損失1,750萬美元(約新台幣6億600萬元),特力將於上半年財報中一次提列,並且因而大降財測,獲利目標由10億2,300萬元大幅調降為2,133萬元。

　　表示第一季對CENDYNE的應收帳款，到第二季已
經都變成收不回來的壞帳。在第一季的報表中已經出現
這樣的疑慮，就是很明顯的一個警訊了。

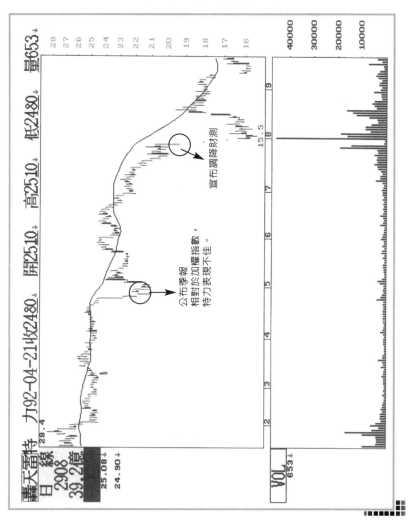

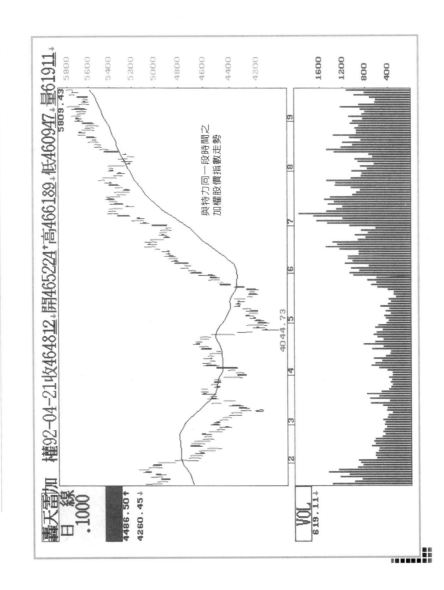

與持刀一段時間之
加權股價指數走勢

2. 觀察應收帳款所占股本比重及應收帳款的對象

　　除了關係人應收帳款外，公司的應收帳款也是一個需要關注的項目，但是在電子書中不一定會有公司應收帳款的對象名單，必須透過公開說明書去了解該公司的業務往來對象。所以在觀察應收帳款時，應考慮：

（1）應收帳款的對象

　　若應收帳款的對象為無疑慮的國際大公司，比如國內的代工大廠，其應收帳款可能是如HP、DELL這種公司，當然就不需要擔心應收帳款的收回問題。

（2）應收帳款週轉率

　　即營收除以應收帳款。當營收增加時，應收帳款的金額也會隨之上升，但若應收帳款增加的速度大於營收成長的速度，這就不是一個好的現象。

（3）應收帳款對於股本的比重

　　若應收帳款對於股本的比重較高，則當應收帳款有收不回來現象時，對於每股盈餘將有極大的影響。

案 例 CASE STUDY ────── 世平興業 ──────────→

世平是國內半導體供應商,在93年第一季時,其應收帳款的金額大增,而觀察與應收帳款的一些相關資料,其應收帳款週轉率降低,且應收帳款已經占股本達3.1倍(即應收帳款為99億,是股本32億的3.1倍)

項目	93／1Q	92／1Q
營收	11,808,409	8,689,416
應收帳款淨額	7,406,958	4,800,291
應收帳款－關係人淨額	1,581,422	597,559
其他應收款	939,173	785,373
應收總額	9,927,553	6,183,223
股本	3,216,795	2,687,643
營收／應收帳款	1.19	1.41
應收／股本	3.09	2.30

單位:千元

對於這樣的應收帳款數字,世平的風險不小,此時必須在公開說明書中找尋銷售的對象,判斷世平銷售對象的分散程度,另外也了解它的銷售對象是否為低風險的公司。

觀察91年的公開說明書,在89、90、91年,前10大的銷售客戶占其營收的比重分別為38%、37%、32%,而在91年銷售的前10大客戶中,最大的前兩名客戶,其銷售比重不到4%,分別是仁寶與技嘉,這兩家公司的財務風險極低,所以世平的應收帳款金額雖高,但因為銷售的集中度夠分散,風險性就會降低(當然,世平的關係人應收帳款金額不低,這一點仍是值得注意的)。

三、存貨

　　當公司的營收大增時，其存貨增加也合理，所以在一般的財務管理書籍上，總會教我們以存貨週轉率來做爲判斷存貨是否有異常的依據（所謂的存貨週轉率是以營收除以存貨金額，不過有些書是以營業成本除以存貨做爲存貨週轉率），然而目前外在環境變化極快，這一期的存貨，可能到下一期時存貨價值已不再，所以在存貨的判斷上，筆者認爲不應單以存貨週轉率來做爲判斷，必須注意觀察四大方向，以判斷其是否存貨有過高，甚至是下一期毛利率下降或提列存貨損失的來源：

- 存貨相對於股本的規模以及相對於營收的大小
- 產品的調漲或降價
- 存貨是否持續遞增
- 過去的毛利率

1. 存貨相對於股本的規模

　　存貨可以再進一步區分爲原料、半成品以及完成品的存貨；而占股本的規模，可以看出一旦產品價格下跌（更進一步，可以由原料、半成品與完成品再去細分）時，其存貨可能造成的影響。

　　93年上半年，TFT-LCD相關公司的表現都不錯，而

到7月時，開始傳出下半年的產品會有跌價情形，但在上半年的資產負債表存貨中，所記載的是6月30日那一天的存貨價值。比如友達在93年6月30日的存貨為150億，友達股本495億，若下半年整體存貨跌價兩成，這兩成當然包括成品、半成品、原料（原料在下半年可以用更低的價格來買），則友達在存貨上的可能潛在損失為30億，相對於其股本，可能的存貨損失不高，EPS相當於0.6元。

所以當存貨相對於股本的比重很高時，特別是在消費性電子業，由於產品生命週期變短，就要特別注意產品價格下滑所造成的存貨可能虧損（當然有可能並不是提列在存貨虧損，而是會造成其毛利率的下滑）。

存貨相對於營收，可以用營收除以存貨來做一個參考（此為存貨週轉率），若存貨的成長遠大於營收的成長，則表示在庫存管理上表現不佳。最差的情況是營收無成長，但存貨反卻大幅增加，則此現象可解讀為公司的競爭力出了問題，存貨賣不出去以至於營收衰退。

案例 CASE STUDY　　　　　友訊與智邦

下表是友訊與智邦在過去幾季的營收、存貨以及其股本：

友訊

期別	92/4Q	92/3Q	92/2Q	92/1Q	91/4Q	91/3Q	91/2Q
存貨	1,692	1,471	1,292	1,093	1,094	816	910
普通股股本	5,138	4,999	4,903	4,903	5,163	5,163	4,570
營收	6,030	4,911	4,454	4,323	4,472	4,157	3,573
營收／存貨	3.56	3.34	3.45	3.96	4.09	5.09	3.93
存貨／股本	32.93%	29.43%	26.35%	22.29%	21.19%	15.80%	19.91%

單位：千元

智邦

期別	92/4Q	92/3Q	92/2Q	92/1Q	91/4Q	91/3Q	91/2Q
存貨	2,689	2,405	1,938	1,785	1,732	2,045	1,558
普通股股本	5,846	5,846	5,979	5,690	5,690	5,681	4,447
營收	4,520	4,243	3,783	3,698	4,300	3,977	3,879
營收／存貨	1.68	1.76	1.95	2.07	2.48	1.94	2.49
存貨／股本	46.00%	41.14%	32.41%	31.37%	30.44%	36.00%	35.03%

單位：千元

　　若以存貨來觀察，友訊的存貨週轉率（營收／存貨）的值比智邦為佳；再看其存貨相對於股本，智邦在存貨占股本的比重上，也較友訊為高。這樣的情況可以說明，一旦若因產品庫存而造成存貨損失時，智邦所受的影響將較友訊為高。

2. 產品的調漲或調降

　　當產品的未來價格有明顯上漲與明顯下跌的現象時，存貨的重要性將提升，而這些資訊可由多注意新聞訊息而得，畢竟，產品價格的調漲與調降，會是個持續的中期趨勢，不會在短期內改善，此時若公司的存貨過高，對其獲利就會有所影響。特別是若公司的存貨持續

遞增，則將會對其產品的毛利率有不利的影響。

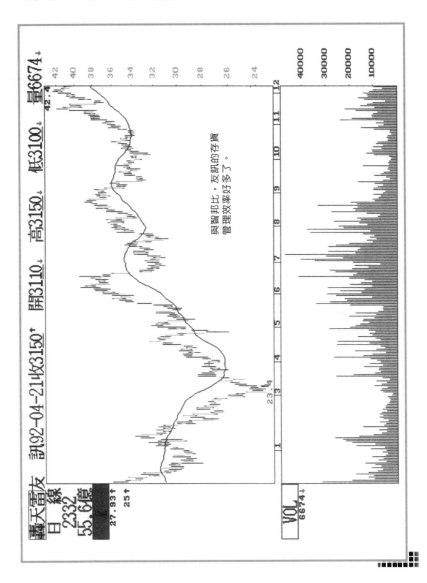

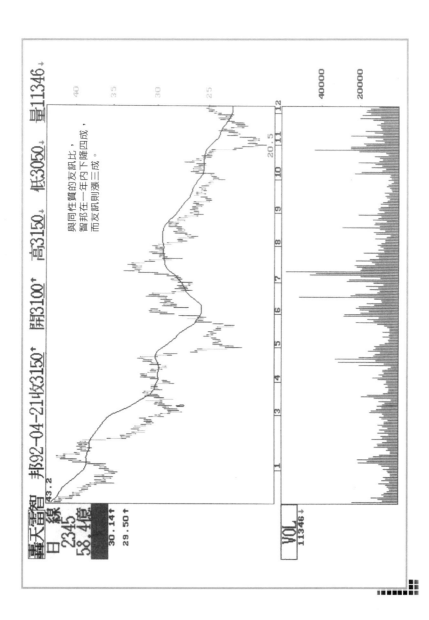

與同性質的反訊比，
智邦在一年內下降四成，
而反訊則漲三成。

3.過去的毛利率水準

當公司的毛利率處於較高水準，而存貨又大增時，很可能會造成毛利率大降。產生這種現象的主要原因在於，當公司毛利率在高點，表示其產品應該有不錯的銷售（好賣，毛利才會不錯），一旦存貨上升時，將透露出其產品的需求是否不如預期；另一個原因是，高毛利的產品容易引來競爭對手的加入，若存貨已經上升，表示產品可能已有潛在競爭者加入，勢必會影響到其毛利率水準。

 凌陽

凌陽是消費性IC的製造人廠，消費性IC的特點在於產品的生命週期較短。以下是凌陽91年第三季到93年第一季的存貨與毛利率相關資料，毛利率維持在不錯的水準（30%以上），但也因為這樣的毛利率，其庫存水準就是很重要的觀察指標，當庫存數明顯上升時，下一季的報表不是會造成毛利率下降（以低價出清存貨）就是會有存貨的提列損失。下表中，凌陽93年第一季的營收為36.35億，較92年第四季低，但其存貨卻由92年第四季的17億大幅上升到27億；就存貨週轉率來看，其93年第一季的存貨週轉率（營收／存貨）也是近幾季來的新高，而存貨占股本的比重更是由91年第三季的12.8%，

大幅上升到93年第一季的34.8％，這樣的情況下就要小
心了。

期別	93／1Q	92／4Q	92／3Q	92／2Q	92／1Q	91／4Q	91／3Q
存貨	2,705	1,709	1,334	1,003	993	857	892
營業毛利率(％)	32.25	34.20	35.40	36.97	30.21	30.61	37.92
營業收入淨額	3,635	3,762	3,100	2,412	1,824	2,143	2,539
普通股股本	7,775	7,775	7,775	6,950	6,950	6,950	6,950
存貨週轉率	1.34	2.20	2.32	2.40	1.83	2.50	2.84
存貨占股本	34.79%	21.98%	17.16%	14.43%	14.29%	12.33%	12.83%

單位：千元

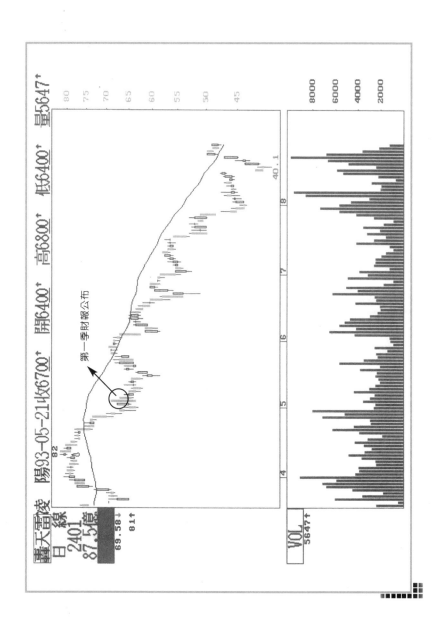

四、長期投資

　　所謂的長期投資，包含與本業無關的長期投資，以及與本業有關，但於海外生產的長期投資。公司的投資多元化，或者因爲國內的生產事業成本提高而轉移到生產成本較低的海外，這些情況都是長期投資。而在公司發展的過程中，長期投資是相當重要的一環。以下是長期投資的幾個特點：

● **長期投資分爲權益法與成本法兩種**

　　一般而言，以控有公司是否超過20％做爲是否以權益法認列的標準；權益法認列是指依據所持有的股份，認列其對應的獲利，比如，若某上市公司持有A公司30％的股權，而A公司今年獲利10億，則此上市公司可認列3億元的「權益法認列的投資收益」；若持股未超過20％，也可以視此公司是否對投資標的物有控制力，而決定是否以權益法來認列。

● **長期投資的報表模糊**

　　相對於母公司的財報，長期投資的報表更爲模糊，若此長期投資的公司未上市，則看不出其詳細的經營內容與經營績效，所以，長期投資的公司有可能成爲有心人做爲掏空資產的重要橋樑。

　　對於長期投資，必須判斷這項投資是否可能成爲公司財務報表黑洞的來源，也同時了解長期投資是否會是每股淨值的拖累因素。

1. 觀察公司長期投資占股本的比重及其長期獲利情形

　　一家公司為了多角化與降低成本而進行長期投資是很合理的，然此長期投資究竟重不重要，首先，可以在資產負債表中觀察長期投資相對於普通股的比重，其次，則可以注意在損益表中，公司在業外收益的表現情形，若業外收益的比重遠較本業的營業利益為多，則此長期投資將成為一個很重要的追蹤對象。但反過來說，若公司長期投資的金額愈來愈高，但其獲利卻一直無法顯著，則此長期投資將有可能是公司財務黑洞的主要來源。

 案例 CASE STUDY 　　　　　　　　　全台　　　　　　　　→

　　下表為全台晶像在93年第一季的報表內容，其長期投資為2.51億，而股本為14.7億，也就是長期投資占股本約17%，比重並不高。再看其損益部分，長期投資之投資損益占其營業利益比重也很低。像這樣的公司，就可以只注意它的營業利益，不考慮其長期投資收益。

長期股權投資	股本	所占比率
251,473	1,477,044	17.03%
投資收益	營業利益	所占比率
-820	142,621	-0.57%

單位：千元

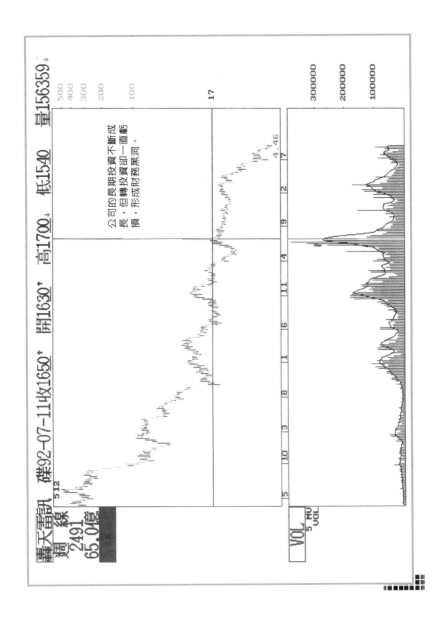

訊碟在89年上市，股價曾經在90年漲到500元以上，這幾年，訊碟因為股價高而募了不少資金。但到93年時，股價已經來到10元以下，雖說是訊碟本身的業績不佳所造成，但在轉投資方面的擴充，讓投資人擔心資金的流向也是一個很大的原因。

	92	91	90	89	88
長期投資	8,719	5,302	3,415	788	80
投資損失	175	371	1,179	40	74
營業利益	556	463	-294	839	280

單位：百萬

以上表來說，訊碟在88年時長期投資只有0.8億，但到了92年底，其轉投資金額已經高達87億，當時訊碟的股本也才65億。更重要的是，轉投資的金額愈來愈大，但是投資損失卻一直都存在，相對於其本業的營業利益，可見轉投資表現相當不理想。

再透過電子書來看看其轉投資的公司，以權益法認列的轉投資公司Global Solution Holding 62.35億、浩瀚16.62億，這兩家投資金額共79億，占其轉投資的大部分，而在92年透過Global Solution Holding大幅轉投資Infodis Global Holding高達新台幣40億。像這樣的轉投資公司，本身的經營情況就已經透明度不夠，而若加上獲利不佳，就是一個很大的警訊了。

93年第二季，訊碟的上半年提列海外公司的虧損高達42億，造成了上半年的每股淨損高達6.93元；由訊碟長期投資的金額不斷上升且一直都無法獲利，便可知公司財務情況的惡化遲早要爆發，其是否透過轉投資來做爲資金的挪移，筆者認爲應是證期會應該關注的。

案例 CASE STUDY ──── 智邦 ────→

　　智邦在92年第三季提列了鉅幅的業外虧損，創下了股價的新低，當我們在看其過去的損益表時，可以發現智邦由87年以來，業外就一直處於虧損的狀況，長期下來，遲早會有提列業外虧損的壓力。再看看其資產負債表，在92年第二季時，業外投資金額爲45億，對於股本58億的智邦來說，長期虧損的業外一定如芒刺在背，所以，提列虧損可以說是早晚的事。

> ### 智邦前三季創上市以來最大虧損，
> ### 股價創上市以來新低
>
> 　　【時報記者曾萃芝，台北報導】智邦科技前三季創下上市以來最大虧損金額！稅前虧損高達22億1,000萬元，每股稅前虧損3.78元。由於上半年仍獲利，所以智邦第三季稅前虧損為22億8,900萬元。
>
> 　　智邦前三季本業營業利益仍有4億4,600萬元，扣除

業外損失26億5,700萬元後,稅前虧損高達22億1,100萬元,營運虧損的情形高於市場預期。

智邦的投資損失——逐漸擴大

期別	92／2Q	92／1Q	91	90	89	88	87
投資收入／股利收入	0	0	0	0	0	0	0
投資損失	139	160	301	246	173	150	645

單位:百萬

 案 例 CASE STUDY 　　　　　　　　正新

　　正新橡膠是國內著名的中概股,其大陸的轉投資帶給公司相當高的業外收益,從表中可以看出,92年底時,正新的長期投資金額為145.8億,而正新的國內股本才95.7億;再看損益表,其營業利益為9.3億,還不到其投資收益的一半。

　　在這樣的資料中,就可以顯示正新整個營運的重點在於業外轉投資的收益上。

長期投資	14,586,982	營業利益	929,726
股本	9,570,671	投資收益	1,916,017

單位:千元

2. 本業轉投資較佳、跨領域轉投資則要小心

　　幾年前由於科技股當道，投資人在投資時以科技股爲主要對象，造成科技類股的本益比高，於是很多「傳統產業」公司，紛紛踏入科技產業。但幾年下來，由於「隔行如隔山」，造成大多數傳統產業公司切入科技股後，反倒成爲公司的包袱。

　　所以在觀察以權益法認列的公司時，也必須進入電子書了解公司所投資的對象究竟是怎樣的公司，若是與本業無關，轉投資公司又無法獲利，則要注意其轉投資所帶來的虧損。

 案例 CASE STUDY　　　　　　　　　　佳和紡織

　　佳和紡織是國內的長纖布大廠，在民國83年底爲了多角化投資，而切入了以無線通訊領域而成立的怡安公司。但成立後，卻成爲公司虧損的主要來源。從表中可以看出佳和在本業的營業利益都還有獲利的情況，但在營業外支出上則爲負數；佳和的業外損失主要來自投資損失，而投資損失的來源又是怡安科技。表的下面，是怡安科技過去幾年來的損失情形。

佳和	92	91	90	89	88	87
營業利益	112	168	297	193	205	931
投資損失	253	554	455	573	518	71
怡安科技	92	91	90	89	88	87
稅前淨利	-186	-318	-147	-172	-161	-116

單位：百萬

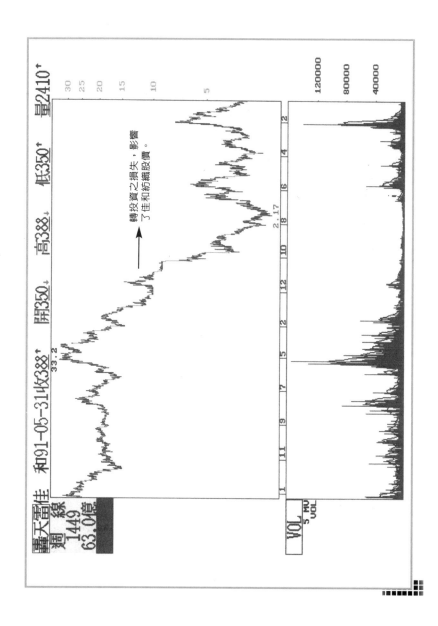

五、固定資產

　　固定資產分為與機器設備與土地資產，在製造業中，機器設備的投資是公司持續成長所必需，此部分也可以用來檢視公司是否要在本業上持續投資（當然要注意的是，公司是否已經將生產重心轉向海外，若是如此，則此部分的金額將不一定會增加）。

　　除了機器設備外，投資人更關心的焦點可能放在「資產利益」上；國內有很多老公司擁有許多的土地資產，而由於這些土地資產的取得時間早，以至於都會有「開發的想像空間」。本節中將會說明，在觀察這些固定資產時應該注意的要點。

1. 以機器設備的投資觀察公司運作

　　對於製造廠商來說，投入機器設備或者不斷的更新機器設備投資，是讓公司持續成長所必需的，特別是在不景氣的時候，若公司持續能在機器設備上投資，當景氣好轉時，才會有潛力成為贏家；反過來說，若公司根本沒有投資機器設備，則即使當景氣好轉時，也會因為機器設備的老舊而使得競爭力大受影響。特別是有些產業必須不斷投資新設備，一旦在新設備不投資的情況下，其競爭力將會受到很大的影響。

另一個重要的觀點是，對於所謂的多角化轉型，機器設備投資更可以用來判斷公司是否真有往新設備投資，特別是打著轉型到科技電子股的傳統產業為甚。

 　　　　　　　　　　　　華泰

　　92年下半年起，封裝測試產業因為國外IC製造整合廠商面對前幾年的不景氣，沒有再繼續投入後段的封裝與測試，且又遇到封裝測試的技術提高，使得國際的IC製造整合廠商封裝測試委外的趨勢明顯化。而要觀察國內的封裝測試公司是否有能力取得IC製造整合廠商下放的訂單，這幾年封裝廠的製造能力是否升級就很重要，其中一個重要因素在於是否有不斷的設備更新。所以，設備投資就是一個重要的觀察點（有設備投資不一定有新技術，但無設備投資一定無新技術）。

　　以下是國內三大封裝廠（日月光、矽品、華泰）這幾年來機器設備的金額：

	89／Q4	90／Q4	91／Q4	92／Q2
日月光	166	178	210	250
矽品	198	245	277	284
華泰	174	176	181	181

單位：億

　　由上表的設備金額可以看出，華泰在這兩年期間幾乎沒有投資，其機器設備的金額還是停留在過去的水準，所以即使IC製造整合廠要將其封裝測試委外，華泰

是否有能力接到這樣的訂單？再者，華泰的財務結構看來並不佳，是否有能力再往高階封裝發展，恐怕就是一個很大的疑問。

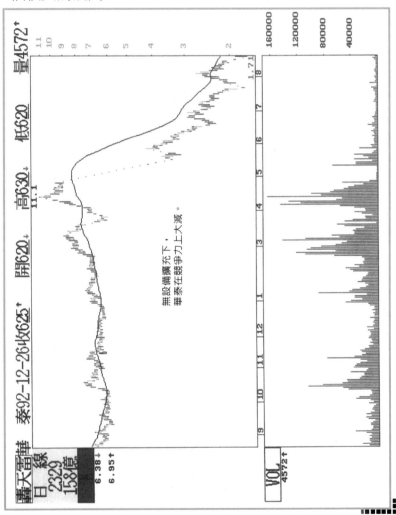

久津

92年初，久津爆發因為公司有挪用資金炒作股票之嫌疑，卻因炒作失利，造成公司的資金缺口加大，後來以下市收場。

在這之前，市場與公司都以久津是食品股中往科技產業發展最積極的一家公司，具備成長潛力的心態而介入久津，此一題材曾讓久津股價大漲，但若觀察其資產負債表中的機器設備，可以發現久津在這方面的投資實在很少，那怎會有能力往科技產業發展呢？

以下是久津在89至91年底機器設備的帳面金額：

年度	91	90	89
機器設備	3.85	2.58	2.33

單位：億

上述的資料中，機器設備的金額由90年的2.58億增加到91年的3.85億，雖有增加，但金額並不大（91年是久津轉型營收大幅成長的一年），而在當時，久津的短期借款由9.72億上升到20.68億；長期負債由1.38億上升到10.67億，這兩項表示其借款增加了近20億，但卻只花了1.27億到機器設備，這樣的情況看來，對於久津是否真的往科技產業發展，就可能要抱著比較謹慎的態度。

日期	91／12／31	90／12／31
短期借款	20.68	9.72
長期附息負債	10.67	1.38

單位：億

2. 公司的土地資產價值

　　很多公司取得資產的時間很早,而由於這幾十年間的土地增值極大,於是在市場上就有「資產股」這樣的名號。對於資產股,在評價時要注意的是「重估增值與土地增值稅」。

　　很多分析師或者市場主力,常常會有下列的說法:「ＸＸ公司於民國60年取得土地資產10萬坪,當時的取得成本很低,一坪才3,000元,但現在已經漲為每坪10萬元,所以目前來說,該公司的土地資產潛在利益約為100億……。」諸如此類的說法,基本上有誤導投資人的嫌疑。

　　在公司的土地帳面價值上,必須考量公司對土地的重估增值;此土地的重估增值利益,已經默默的顯示土地價值的增加部分。另外,也可以注意公司對於提列土地增值稅的準備金額。

案例　CASE STUDY　　　　東和紡織

　　93年第一季的資產負債表中,東和紡織的土地原始成本為3.99億,而其重估增值為21.99億,表示在公司中,其土地的帳上價值為24.98億,土地增值稅的準備為12億。所以若公司真的能夠處分土地資產,則其成本就是24.98億,因為處分土地而給予公司大幅度的潛在利益,就不如想像中來得高。

六、可轉換公司債

　　負債的種類包括短期借款、長期借款、應付公司債等。這幾年來，由於利率的不斷走低，使得公司以可轉換公司債來籌資的比重愈來愈高，可轉換公司債（Convertible Bonds, CB，以下稱為可轉債）賦與持有人在一段期間內以特定條件轉換成普通股證券的權利，它與一般公司債最大的不同乃在於，一段期間後，持有者可以依據可轉債上約定的轉換價格或轉換比率，將其轉換成普通股，而若不轉換成普通股，在一定期間後，持有者也可以將此可轉換公司債以約定的價格賣回給公司。

　　轉換價格是指可轉換公司債轉換成普通股的代價。以精業公司第二次國內可轉債為例，它的轉換價格是34.8元，表示持有轉債者有權利以每股34.8元的代價去轉換成精業普通股；換句話說，也可以用轉換比率來描述可轉換公司債與普通股之間的轉換關係，像精業二的轉換比率就等於100,000/34.8＝2,873股，表示一張面額100,000元的精業可轉換公司債，目前可以轉換成精業的普通股2,873股。而由轉換價格與轉換比率來看，當轉換價格愈高，其轉換的比率將會愈低。

　　對於公司而言，可轉換公司債可以讓股本擴大延後，而以較公司債便宜的資金成本取得資金；對於投資人而言，成

爲一種進可攻、退可守的投資對象,當行情不佳時,可轉換公司債至少還可以提供保有本金的保障,而當轉債可轉換對象的普通股大漲,還可因爲轉換成普通股而有高報酬率。

對於投資人來說,公司發行可轉債時,應特別注意可轉債的「股本可能稀釋」以及「償債能力」等問題。

1. 注意賣回日與可能的償債能力

顧名思義,可轉債是可以用一特定的約定價格轉換成公司的普通股;可轉債若能順利的轉換成普通股,則公司當無償債的問題。但是當公司股價不振時,可轉債的持有者則會在公司開放賣回日時,要求以約價的價位賣回給公司,一旦公司的財務情況不佳,將造成因爲可轉債的賣回而公司無力償還的可能。

而在公司發行的可轉債中,由發行至到期日爲止,中間會有一些賣回的時間點,所以即使可轉債尚未到期,但若公司的經營情況不佳且股價又遠低於轉換價格,則投資人選擇在可賣回的時間點賣回是很正常的。

案例 CASE STUDY 茂矽

茂矽公司於1998年5月21日發行的可轉債,到期日爲2008年5月20日,在這10年間,就只有在滿5年的前一個月,可以提出賣回給公司,其賣回條件爲:

「債券賣回權條件：本公司於債券發行滿5年之前30日，通知債權人，並函證交所本轉換債券持有人賣回權之行使，本轉換債券持有人得於公告後30日內以書面通知本公司股務單位，要求本公司以債券面額加計利息補償金及當期應計票面利息（債券面額之45.92％），將其所持有之轉換債以現金贖回。」

　　也就是可轉債的持有者，若在前5年未進行轉換者，都有可能在2003年5月申請賣回權，而在92年第一季茂矽電子書上的描述如下：

國內第二次無擔保轉換公司債，87年5月21日發行；票面年利率0％，至97年5月20日到期一次償還，發行時轉換價格為每股46.58元，嗣後則依公式調整。

原始發行金額	5,000,000
減：已轉換金額－已轉換股數均為97,995仟股	(3,389,600)
加：應付利息補償金	716,385
小　計	2,326,785

　　這表示茂矽在92年5月時，為了因應茂矽二的可轉債償還金額，大約要準備23.26億的現金來償還。

　　有這樣的資訊，配合公司當時的財務情況，大抵上就可以了解，茂矽當時的財務情況相當吃緊。

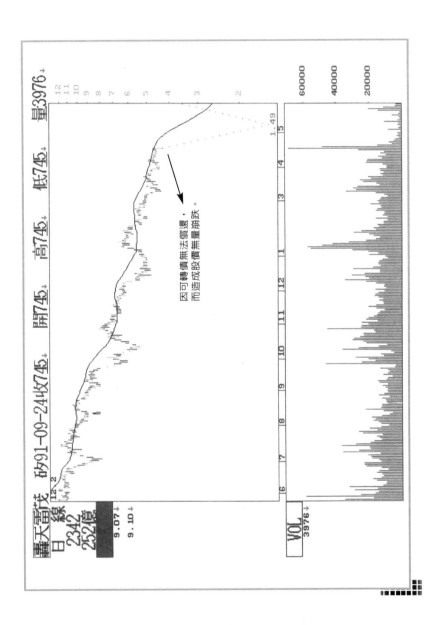

冠西電

　　冠西電於91年8月28日發行2億元的可轉換公司債，而債券持有者在滿兩年時可以聲請賣回。若依此條件，冠西電在93年8月時，應該要準備一些資金來應付賣回，但是在冠西電的可轉債發行條款中，卻有這樣一段敘述：

　　「六、轉換價格除依本條第二、三、四、五項及第二十五條調整外，另以93年7月29日、94年7月29日及95年7月29日（即本轉換公司債發行滿兩年、滿三年、滿四年債權人得行使賣回權之前三十日）為基準日，以基準日本公司普通股每股時價之一定成數（時價之91%）訂定特別轉換價格，不受本條第四項轉換價格，再調整時不得低於發行時轉換價格80%之限制。」

　　依規定，92年度特別轉換價格基準日為93年7月29日，基準日前10、15、20個營業日之普通股收盤價的簡單算數平均數，分別為每股8.22、8.40及7.45元，經計算後之特別轉換價格為7.5元，表示冠西電的可轉債持有者可以用每股轉換價格7.5元轉換成冠西的普通股。

　　「而本轉換公司債持有人依前述所訂之特別轉換價格提出請求轉換者，應於基準日之次三個營業日至次九

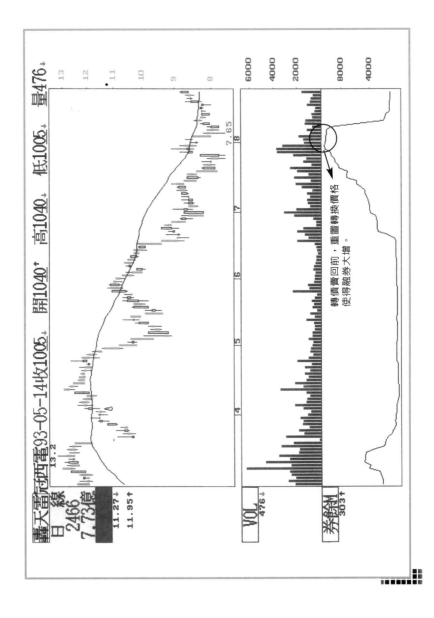

轟天雷於�電93-05-14收1005↓

開1040↑　高1040↓　低1005↓　量476↓

日　線
2466
7.73億

轉債賣回前，重置轉換價格
使得融券大增。

個營業日（含）內（即93年8月3日至93年8月11日）提出（以送達本公司股務單位為準），期滿則回復該次重新訂定前之轉換價格，並適用同辦法其他有關轉換價格及其調整之規定，亦即，本轉換公司債持有人若非於此段期間內提出請求轉換者，則不得適用本項特別轉換價格之規定。」

在這樣的說明中，要特別注意的是，轉債持有者的特別轉換價格提出請求轉換時間很短；第二，當確認可以轉換時，可以先行對於此股放空鎖價差。所以，雖然冠西電在償債能力上並不傑出，但有了重設條款，對於轉債投資者還是有利的。

冠西電在發行時就有這樣的伏筆，對於公司來說，較無償債能力的風險，但對於股本的稀釋性，反倒是有不良的影響。

 可轉換公司債的觀察──陽慶

陽慶過去是國內的第三大區域網路大廠，但在92年底，提列了存貨的虧損，使得當年的每股盈餘大減，股價一路滑落，連陽慶所發行的可轉換公司債也受到很大的波折，但若以其可轉債的內容來看，對於轉債的持有者算是很有保障的。以下是陽慶可轉債的內容：

● 發行時的部分條件

發行日：92年11月13日

發行時轉換價格：35.8元

債券賣回權條件：滿三年之利息補償金爲債券面
額之4.57％，滿四年之利息補
償金爲債券面額之6.14％。

發行價格：100元

● 轉債價格的重設

公司得於賣回基準日（含）或債券到期日（含）前
第30日做爲重新訂定轉換價格基準日，其重新訂定之轉
換價格得不適用前項之有關轉換價格重設之下限限制：
發行時轉換價格（可因普通股總額發生變動而調整）之
80％。且按該重新訂定之轉換價格轉換股份，其轉換期
間爲重新訂定轉換價格公告日（不含）後起算7個營業
日，期滿則回復適用該次重新訂定前之轉換價格。

重新訂定之轉換價格＝每股時價一定成數

註1：每股時價之訂定，係以賣回權基準日（含）或債券到期日
前第30日做爲重新訂定轉換價格基準日，以該日之前10、
15、20個營業日，普通股收盤價之簡單算術平均數孰低者
爲準。

註2：一定成數之訂定，依滿3、4年賣回值利率皆1.50％推算，

則其成數分別爲86.94％、85.65％；滿5年以債券面額推
算，則其成數爲90.91％。

註3：上述註2之一定成數，係按本轉換公司債持有人於選擇依特
別轉換價格轉換後，其轉換股份以時價計算之金額，以不
高於本轉換公司債受行使賣回權，或到期日應支付之債券
面額、當期應計票面利息及利息補償金之合計總額110％
爲限。

　　會訂出這樣的發行條件，主要爲公司在賣回日時，
可以讓債券持有者以「當時的普通股市價」爲轉換價格
計算參考，在這樣的情況下，轉債的持有者就不一定會
要求公司買回，他們可以先在市場上放空，待股票拿到
後再回補即可。

　　所以，93年8月時，陽慶轉債市價爲50元，而其可以
申請賣回的時間爲95年11月，若公司在95年11月前無財
務危機，則以現在買進陽慶轉債，兩年多的報酬率爲1
倍。

　　當然，除了必須無財務危機外，另一個重點在於，
陽慶必須有資券的資格（這樣才能夠在開始轉換前先放
空，轉換後拿股票去還券），讀者可以用這樣的方式去探
討其他可轉債的商品。

2. 留意轉換成普通股後對於股本稀釋的問題

　　雖說可轉債必須考慮公司的償債能力，但是對於經營情況良好的公司，倒也不需要留意其還債能力，反倒是當股價上升後，吸引轉債持有者將轉債換成普通股，此時將有股本稀釋的問題，對於公司的每股盈餘也會有所影響。所以，對於有發行可轉債但已有轉換價值的可轉債，要以轉換後的股本來計算公司的每股盈餘。

陽明

　　陽明於92年8月發行可轉換公司債，當時所發行的溢價率約10％，轉換價格為26.13元，發行的總額度為80億，而當時的普通股股本為185億元。92年9月以後，陽明的股價來到26.13元以上的價位，到了93年初，股價甚至到達40元以上。當股價到達30元以上後，可轉債持有者將可轉債轉換成普通股是可以預期的，所以在計算陽明的每股盈餘時，便要以轉換後的股本來加以計算。

　　陽明發行80億額度的轉債，而轉換價26.13元，若全數轉換，表示股本將增加30.61億（80/26.13*10），則以原來185億股本來看，股本將會擴增到215.6億，膨脹率為16.5％。

信邦

　　信邦電子在92年第一季的財務報告書中，對於可轉換公司債有如下的說明：

信邦電子股份有限公司財務報表附註（續）

應付公司債	93／3／31	92／3／31
海外無擔保可轉換公司債	1,399,444	1,475,184
加：應付利息補償金	96,303	43,525
加：備抵兌換損失（收益）	（1,271）	80,038
合計	1,494,476	1,598,747
減：一年內到期部分	（1,494,476）	-
淨額	-	1,598,747

單位：千元

　　本公司於民國91年7月17日於盧森堡發行海外第一次無擔保可轉換公司債，發行總額為45,000,000美元，每張面額1,000美元，於96年7月16日到期，票面利率0％，發行期間五年，發行時之轉換價格為每股57.5元，轉換價格所用之美元對新台幣匯率為33.51元，債權人得於公司債發行滿兩年及三年時，請求本公司依債券面額加計利息補償金（滿兩年為債券面額之106.75％利息補償金，滿三年為債券面額之112.26％）以美元贖回。發行滿60日起至到期日前30日止，除依法暫停過戶期間外，得隨時向本公司請求依當時之轉換價格轉換為本公司普通股股票以代替現金還本，轉換價格原訂每股57.5元，除權後每股46.8元，依發行辦法規定，轉換價格高於股票平均收盤價達半年者，應重設轉換價格，重設價格後每股34.4元，截至民國93年3月31日已轉換1,750,000美元，可換發1,640千股普通股。

　　在這段敘述中，可以了解信邦可轉債的轉換價位爲
34.4元，若全數轉換成普通股，則股本將增加40,697千
股，以信邦當時股本101,791千股來說，其股本的膨脹率
爲40％，也就是說，在93年第一季，信邦的稅前盈餘爲
1.34億，稅後盈餘1.08億，在轉債未轉換前，其每股稅後
盈餘爲1.06元，而轉換後股本的每股盈餘爲0.71元。

　　當然，若是不轉換成普通股，則每股盈餘仍爲1.06
元，這對於普通股股東當然是比較好的一件事，不過就
要考量若轉債在一年內可轉換，公司必須有足夠的資金
來應付轉換。在實務上，當信邦的股價高於轉換價後，
就會有較大的賣壓出現，此時在計算其每股盈餘時，就
要以轉換後的股本做爲計算基準。

七、每股淨值

將公司的總資產減去總負債後,得到的就是公司的股東權益,而股東權益中,包含普通股股本、保留盈餘與資本公積;以股東權益除以流通在外的股本,所得到的就是每股的淨值。

在巴非特的投資觀念中,股價低於每股淨值,可以將其看成是股價「物超所值」,畢竟由淨值的觀點看來,當股價低於每股淨值時,其意義表示若公司眞的加以清算,處理後的價值也會高於每股淨值,所以當股價低於每股淨值時,可以用來做爲判斷股價是否低估的指標。

不過,雖說股價低於每股淨值是判斷股價是否低估的指標,但不代表所有股價低於淨值就是低估,其中有兩個主要的觀點:

1.資產的品質不佳

由於淨值是由資產減去負債而得,所以當資產的品質不佳,變成資產是不可信之時,則每股淨值的值也會失眞。

在本書前面的章節中,特別強調應收帳款、存貨的資產品質,這兩項資產品質,或許因爲應收帳款無法回收,或因爲產品生命週期而使得存貨價值大減,使得帳

上的應收帳款與存貨是否能夠表達初期真正的價值，不無疑問。另外一項則是固定資產的品質，尤其是土地資產，若是在房地產大漲時才取得的土地資產，是否有帳上所列的價值，這也是投資人應該要注意的。

股價低於每股淨值，值得投資嗎？

　　國內有很多公司的股價長期低於每股淨值，你可能也會認為，在這樣的情況下，若將此公司清算掉，其股價至少也有每股淨值的價值；但實際上卻非如此，筆者以一家上市營建公司為例說明之。上市營建公司林三號，在91年第三季時每股淨值8.92元，但股價卻只有2元不到，於是有投顧推薦這家公司，認為它的價值嚴重被低估。然而在林三號的資產負債表中，可以發現至少有下列的問題：

- 林三號資產總值108.75億，其中存貨就占了87.6億（不外乎土地或房屋），存貨比重過高，且由於這幾年台灣的房地產不景氣，房屋土地的跌價到處可見，若土地與房屋真的處分後，還有這樣的價值嗎？林三號的股本才38億，存貨卻高達87.6億，若打折處分存貨僅剩下8成，則存貨部分將會有近18億虧損，對每股淨值的影響就接近5元了。

- 林三號負債的短期借款58.3億，應付票據2.92億，以資產扣除存貨後，可以馬上運用的資產最多也才20億，短期償債能力實在不佳。

- 以房屋或土地來說，應該會適用長期借款，但林三號的長期借款為0，有利用短期資金應付長期資產的現象，而獲利情

況看來不佳（91年前三季EPS -1.28），償債性有待商榷。

　　由其資產負債表，便可對該公司的資產品質有基本
了解，所以在聽到分析師或投顧因為股價低於每股淨值而
推薦買進時，不妨先看看該公司的資產負債情況。

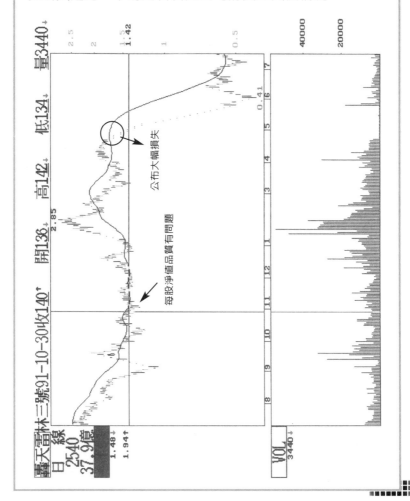

好書推薦──識破財務報表騙局的第一本書

　　財務報表的分析，主要在於讓你對公司的經營情況及安全性有一定的了解，當然，基於風險的考量，若財報上顯示出不佳的數字，這類公司應該避而遠之；但是財報上看起來「數字」不錯，是不是就表示公司沒問題呢？倒也不盡然，在麥格羅‧希爾（McGraw-Hill）出版公司發行、霍爾‧薛利（Howard Schilit）著的《識破財務騙局的第一本書》（*Financial Shenanigans*），將其分成七大類騙局與30種會計花招，而基本上可分成「營收詭計」、「費用陷阱」、「負債騙局」，更以恩隆、美國線上、思科、朗訊等數十家美國公司為例。

　　這本書中，也提供一些偵查的技巧與重大問題點的觀察，就如同作者所提，不管什麼事都有徵兆，只要用心搜尋便可以察覺真相，對投資人來說，能夠多一些這樣的知識，對於投資的安全性是有幫助的。

2. 公司獲利的虧損將使每股淨值逐漸下滑

　　另一種情況是，公司的股價低於每股淨值，但由於獲利逐漸下滑，使得每股淨值也跟著下降，此時若公司不處分，則其每股淨值逐漸下降，也不是很好的投資標的物。

八、本單元重點小結

當公司的損益表品質沒問題時，接著要觀察資產負債表，用以輔助判斷公司是否有可能因為資產負債的品質，而影響未來的損益情形。本單元主要的重點如下：

- 資產負債品質會影響公司未來的損益，所以在損益表無虞後，必須輔以資產負債的品質來判斷。
- 應收帳款中的關係人應收帳款，是用以觀察關係人銷售比重，最重要的觀察項目。
- 應收帳款增加的金額若大於營收增加的金額，則疑慮應加劇。
- 存貨除相對於營收的比率外，其絕對金額及相對股本的比率更值得注意，畢竟相對於股本大者，一旦存貨提列虧損，會影響到損益表。
- 固定資產必須注意其是否已經有資產重估。
- 公司的可轉換公司債，除了要注意到期日外，也必須注意可賣回日期，以及公司是否有足夠的資金可以償還。
- 可轉換公司債還必須注意轉換普通股條款，其中特別值得注意的是「可轉債賣回前的轉換條款」，轉換普通股會對每股盈餘有稀釋的效果。
- 必須對於公司的每股淨值品質加以了解，並非股價低於每股淨值就是好的投資對象。

PART FOUR

現金流量表

現金流量表示公司在一段期間內現金的流入或流出，其來源有三：營運活動之現金流量、投資活動之現金流量、融資活動之現金流量。現金流量可以判斷公司的資金流到哪裡去或者由何處流入，也可以看出資產負債科目與損益表搭配的均衡性。

一、營運活動之現金流量

透過公司營運活動而產生的現金流量，稱之為營運活動的現金流量，讀者可以先行思考，在資產負債表及損益表中，哪一些是在營運活動時跟現金有關的科目？透過營運活動的現金流量，當可釐清公司在創造獲利的同時，現金流量是否能夠同步配合；同樣的，當公司的獲利不佳時，是否也有現金流出的危機？

下表為勝華於93年第一季的營運活動現金流量表：

勝華科技股份有限公司　現金流量表
民國93年1月1日至3月31日

項目	九十三年度 第 一 季
營業活動之現金流量	
純　　　益	$ 659,485
採權益法認列之投資收益－淨額	(637,196)
利息補償金	10,019
提列存貨損失	40,000
已實現遞延收益	(11,159)
處分固定資產損失（利益）－淨額	(26)
處分長期股權投資利益	(1,368)
折　　　舊	108,089
各項攤提	55,688
提列備抵呆帳	5,000
未實現銷貨毛利	315
營業資產及負債之淨變動	
應收票據	168
應收帳款	496,388
其他應收款	(287,819)
其他金融資產－流動	527
存　　　貨	(916,130)
其他流動資產	(104,399)
應付票據	(2,097)
應付帳款	(47,093)
應付所得稅	(34)
應付費用	(215,753)
其他流動負債	(10,226)
營業活動之淨現金流入（出）	(857,621)

單位：千元

　　營運活動的現金流量由兩大部分組合而成，一是營業活動之現金流量，另一部分則是營業資產及負債之淨變動。

1. 營業活動的現金流量

　　營業活動的現金流量，來自於損益表的現金流量因素，是由公司的純益開始，減去損益表中「與營運無關的現金流量」，加上「與營運有關但非實質支出現金有關者」，再加上「與營運活動無關的現金流量支出」。

　　由純益開始，加上「營業外支出」（被認為與營業活動無關），減去「營業外收入」（被認為與營業活動無關），所以在勝華的現金流量中可以看到，以純益減去業外收入的「權益法認列的投資收益、已實現遞延收益、處分長期股權投資利益」，而加上營業外支出的「利息補償金、提列存貨損失」。

　　但是在這樣的計算過程中，筆者認為，由於很多公司的本業已轉向國外生產，所以對於將「權益法認列」的收益當成現金流量減項做法，仍有待商榷。基本上，既是與本業有關的現金流量，則即使是在海外生產，應該也算是本業，所以營業外收入若是「恆常性的權益法認列投資收益」，筆者認為不應該認列為現金流量的減項。

　　而除了對營業外收入加以修正外，另一個做為修正

的項目是營業成本與費用中的「折舊與各項攤提」。折舊是在取得機器設備時，依據其年限採不同方式來攤提，雖爲費用，但並無實際上的支出，所以在計算現金流量時會加上折舊費用。因此若看到很多公司雖損益表上爲負，但營運現金流量仍爲正，便是與折舊有很大的關係。

若以此爲計算方式，在勝華第一季的現金流量中，採權益法認列之投資收益不應該做爲減項才算合理（於年底的合併現金流量中，就會看出權益法認列若爲與本業有關，就是營運的現金流量）。

案 例 CASE STUDY ———————— **旺宏** ——————→

過去幾季，旺宏的獲利不佳，但若看其營運活動之現金流量，就是在折舊攤提極大的情況下（這也是產業特性，設備投資大，折舊就大）。所以，即使獲利不佳，由營運的現金流量看來仍無太大的問題（當然還要看看投資活動與理財活動之現金流量）。

期別	93／1Q	92／4Q	92／3Q	92／2Q	92／1Q	91／4Q	91／3Q	91／2Q
稅後淨利	19	-794	-1,194	-2,998	-3,211	-2,024	-2,149	-4,464
折舊	1,845	1,869	2,253	2,252	2,230	2,069	2,047	2,004
攤提	147	233	126	148	160	155	167	153
營運活動之現金流量	1,027	2,454	1,480	-150	-687	455	-275	799

單位：百萬

2.營業資產及負債之淨變動

　　在營運活動中，會牽涉到應收帳款、應付帳款與費用、存貨等相關的流動資產，當營收與獲利增加時，上述的流動資產與負債都會增加，而透過現金流量表，主要在了解流動資產與負債是否均衡性的同時增加。

　　另一個觀點是，一個公司的現金流入最好是來自於營運活動；必須注意的是，不應該獲利增加了，結果公司的營運現金流量還一直都不同步。不同步的主要來源是，資產負債中的流動負債與資產不同步造成的結果。

　　看看這些項目的影響吧！當公司營收獲利增加時，存貨增加將造成現金流出，應收帳款的增加也造成現金流出，但應付帳款的增加卻造成現金流入。

　　以存貨來說，一家公司的存貨隨著營收獲利持續成長是正常，也有可能因此而造成營運的現金流量短期流出，在公司經營持續向上的同時，若多準備存貨，是可以接受的；但若公司存貨的現象持續成長下去，且幅度都超過營收獲利，則雖公司在損益表上有獲利，但要擔心它的現金都往存貨積壓，到後來將會影響公司的資金週轉（當然，更甚者是，公司是否會透過虛擬的應收與存貨而短期增加營收與獲利；若營運現金流量一直都是負數，則就有警訊了）。

案　例
CASE STUDY

世平興業

　　前面舉過例的世平，其應收帳款的增加幅度相對
於股本來說算是相當大，但由於公司的營收獲利都還
算不錯，所以存貨與應收帳款的增加似乎也合理。然
而是否增加過多？可以由最近幾季的現金流量表來判
斷思考。

　　世平在過去的幾季中，每一季都有賺錢，但由92
年第一季開始，每一季來自於營運的現金流量都是負
數，可能表示雖有獲利，但現金都還是流出，因此必
須透過其他方面取得現金，經營壓力勢必上升。

期別	93／1Q	92／4Q	92／3Q	92／2Q	92／1Q	91／4Q	91／3Q	91／2Q
稅後淨利	392	201	240	134	158	134	111	95
應收帳款(增)減	-309	-810	-2,279	-186	-726	317	-1,924	-2
存貨(增)減	-478	-397	-77	18	-1,198	-102	44	-1,007
應付帳款(增)減	-202	199	1,346	-1,009	1,229	-200	22	673
營運之現金流量	-452	-684	-888	-1,142	-445	119	364	-397

單位：百萬

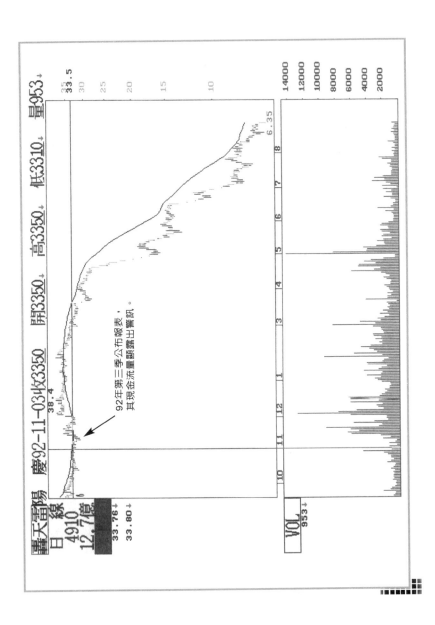

92年第三季公布報表，
具現金流量顯露出警訊。

陽慶於92年前三季的營收較前一年度成長105％，稅後盈餘也較前一年度成長55％；由每股盈餘2.21元來看，當時股價35元左右並不算貴。然而在93年4月底公布前一年獲利大虧之後，陽慶的股價卻由當時的30元上下快速下跌，到了93年7月，已跌到8元以下的價位。

　　如果只看獲利和營收表現，92年第四季似乎還看不出問題。以下是當時的訊息：

92/11/06　《時報》：陽慶預估全年獲利達成率87％

　　陽慶第三季營收大幅成長，毛利率也有止跌跡象，不過累計前三季稅前盈餘僅達成財測的四成，達成率嚴重偏低。對此，陽慶強調，第四季進入傳統旺季後，加上新開發的車用多媒體無線產品開始大量出貨，預計第四季還可較前三季的總合增加1.2倍，全年獲利將達成財測目標的87％，因此不需調降財測。

92/12/10　陽慶11月營收創歷史新高

92/12/12　《時報》：陽慶明年首季營收可望超越本季，再攀新高

93/01/10　陽慶12月營收創歷史次高

93/02/13　《時報》：新客戶臂助，陽慶今年營運倒吃甘蔗，可望較去年成長三成

以上述的新聞與營收情形看來，實在很難看出陽慶會在93年4月28日宣布92年度虧損逾6億元，相當於在92年第四季單季虧損逾8億元（陽慶股本才12億）。

雖由新聞與其獲利情況看來，在93年4月28日前，陽慶似乎表現還算穩定，但若觀察陽慶在過去一段時間的現金流量，事實上已揭露一些問題了。

下表是陽慶的現金流量表，觀察在90至91年，公司都有賺錢，但是營運現金流量卻都是負數。92年第二季的純益遠較第一季成長，第三季又遠較第二季成長，但其營運現金流量卻一季不如一季；在第一季時，營運現金流量還有3.57億，但累積上半年營運現金流量，卻變成現金流出1.29億，也就是說，第二季雖純益持續提升，但現金卻流出了近5億。這樣的情形，到92年第三季時並沒有改善，純益持續大幅成長（第三季的純益近1億，比第二季與第一季都更佳），但營運現金持續流出。這樣的情況表示現金流量已經出現很大的問題，尤其是營運現金流量無法與獲利同步，意即出現了相當大的危機。

時間	純益	營運現金流量
90年	481,164	（62,263）
91年	252,015	（657,625）
92年第一季	49,512	357,539
92年上半年	138,377	（129,020）
92年前三季	237,739	（245,730）

單位：千元

二、投資活動之現金流量

透過公司投資活動而產生現金的流入或流出，此投資包含了短期投資與長期投資，也包括了固定資產的投資與出售。投資活動的現金流量和營運活動的現金流量中，有些科目看起來很類似，同樣跟轉投資、固定資產有關；但在營運活動現金流量中，是處分資產或者由轉投資的獲利（與損益表有關），而投資活動現金流量表，則是在實際處分資產時可以獲致多少現金，又花了多少現金購置資產或投資長期投資。一個是用來做為與本業現金流量修正，一個是表達出公司的資金投入資產或資產處分所得的實際現金數，這是讀者在看這兩個現金流量表時必須知道的基本知識。

下表為勝華93年第一季的投資活動現金流量表：

勝華科技股份有限公司　現金流量表
民國93年1月1日至3月31日

投資活動之現金流量	
短期投資淨減少（增加）	339,384
遞延費用增加	（ 47,886）
長期股權投資增加	（ 880）
購置固定資產	（ 252,526）
出售固定資產價款	3,965
出售長期股權投資價款	8,208
應收關係人款項增加	-
存出保證金減少	3,969
投資活動之淨現金流入（出）	54,234

單位：千元

泰豐

泰豐在92年因爲處分固定資產而創造出每股盈餘5.69元的好成績，在92年度中，與固定資產相關科目的損益表、資產負債表、現金流量表如下所示：

有關業外收支部分損益表

項目	92年度	91年度
營業外收入		
利息收入	6,015	14,182
權益法認列之投資收益	128,954	33,918
股利收入	11,492	0
投資收益	140,446	33,918
處分固定資產利益	871,515 (a)	5,093
兌換利益	16,314	33,321
短期投資市價回升利益	56,330	0
存貨跌價回升利益	0	4,246
什項收入	22,258	8,603
營業外收入及利益	1,112,878	99,363
營業外費用及損失		
利息費用	5,555	25,815
其他投資損失	21,747	25,235
投資損失	21,747	25,235
處分固定資產損失	39,726 (a)	7,065
處分投資損失	6,454	9,160
存貨跌價及呆滯損失	7,403	0
什項支出	36,609	1,007
營業外費用及損失	117,494	68,282

單位：千元

與長期投資、固定資產有關的資產負債表

	92年底	91年底
基金及長期投資		
長期股權投資	2,237,946	692,898
長期投資合計	2,237,946	69,898
基金及長期投資	2,237,946	692,898
固定資產		
成本		
土 地	0(c)	19,516
土地改良物	0(c)	262,560
房屋及建築	0(c)	215,962
機器設備	1,186,087	1,909,389
運輸設備	21,152	30,882
辦公設備	21,814	33,346
其他設備	256,320	333,904
重估增值	0(c)	2,258,012
累積折舊	-616,248	-1,774,631
未完工程及預付設備款	107,751	223,817
固定資產淨額	976,876	3,512,757

單位：千元

與長期投資、固定資產有關的現金流量表

	92年度	91年度
	-------------------	-------------------
營業活動之現金流量		
本期淨利	$　1,450,026	$　　550,771
調整項目		
未實現短期投資（回升利益）跌價損失	（　　56,330）	25,235
處分投資淨損失	6,454	9,160
存貨跌價及呆滯損失（回升利益）	7,403	（　　4,246）
依權益法認列之投資收益	（　128,954）	（　33,918）
其他投資損失	21,747	-
折舊費用	177,717	185,046
(b)　處分固定資產（利益）損失	（　831,789）	1,972
營業外費用及損失－什項支出	34,157	-
各項攤提	26,347	20,421
	-------------------	-------------------
投資活動之現金流量		
受限制存款增加	-	（　26,716）
短期投資淨（增加）減少	（　929,170）	44,532
其他應收款－關係人減少（增加）	71,181	（　183,862）
其他金融資產－流動減少	36,624	-
長期投資增加－子公司	（　208,700）	（　　252）
長期投資增加－非子公司	（　32,470）	（　7,056）
處分長期投資價款	58,953	-
被投資公司減資收回股款	-	90,000
購置固定資產	（　329,991）	（　455,779）
(d)　處分固定資產價款	965,844	133,778
其他資產-其他增加	（　17,167）	（　21,974）
存出保證金	14,431	-

單位：千元

在這三個報表中，讀者可以看到：

a. 在損益表中，處分固定資產871,515,000元，處分固定資產損失39,726,000元的結果，在處分固定資產的部分，所得的獲利為831,789,000元。

b. 在營運現金流量表中，這個部分為營運現金流量的減項。

c. 當處分固定資產後，資產負債表中的固定資產會減少，於資產負債表中的重估增值也會減少，但此金額的減少反應的是帳上資產的減少，並不等於損益的金額。

d. 在投資活動的現金流量中，可以看出公司由處分固定資產所得到的金額為965,844,000元，也有新購的的固定資產329,991,000元。

在投資活動的現金流量中，可以看出公司往哪個方面投資，以及是否透過處分投資來獲致資金。

三、融資活動之現金流量

　　融資活動的現金流量來源，與資產負債表右邊的負債關係程度密切，大抵上與公司的舉債有關係，包括短期負債、長期借款等資金的來源。融資活動的資金是企業最直接且最快速的來源，當短期借款、長期負債增加時，融資活動的現金流量也會是正數。

　　企業的現金流量與企業的資金週轉有很大的關係，一家公司若長期的現金流量都源自於融資活動的現金流量，一旦公司的授信用盡，遭遇財務危機的可能性就會大增，不得不加以注意。

　　下表爲勝華科技於93年第一季的融資（理財）活動現金流量表：

勝華科技股份有限公司　現金流量表	
民國93年1月1日至3月31日	
融資活動之現金流量	
短期銀行借款淨增加（減少）	547,507
應付短期票券淨減少	（　　11）
應付設備款減少	（ 28,749）
償還長期借款	（ 34,808）
舉借長期借款	620,000
贖回應付可轉換公司債	（551,233）
員工行使認股權	220,904
融資活動之淨現金流入（出）	773,610
單位：千元	

宏達科

　　93年7月，因為更換會計師而造成宏達科的股價重挫，姑且不論宏達更換會計師的原因為何（公司是說與應收帳款的認定不一樣），但若看宏達科過去四年的現金流量表，可以發現有幾個現象：

* 連續四年（到2004年第一季仍是）的營運現金流量表都為負數，表示營運所帶來的現金流量都是負數，表現不佳。

* 投資活動的現金流量都為負，表示公司將資金投資到長期投資或固定資產等活動，要更了解公司投資理財的方向與其績效。

* 理財活動的現金流量都為正數，表示公司是透過舉債的方式來籌措現金流量，持續以理財方式得到現金，以後的償債性也會有問題。

　　所以，雖然有些年度的現金流量為正，但是這樣的現金流量都是來自於理財活動，表示現金流量的品質不佳。

宏達科

年度	2000	2001	2002	2003	2004／Q1
營運活動現金流量	-9,164	-396,789	-43,148	-239,905	-93,899
投資活動現金流量	-722,228	-423,632	-297,341	-144,097	-12,273
理財活動現金流量	420,141	1,129,193	618,198	366,123	63,280
現金流量	-311,251	308,772	277,709	-17,879	-42,892

單位：千元

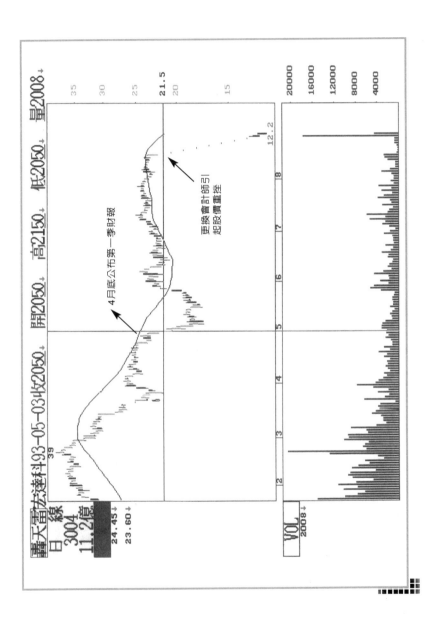

案　例　CASE STUDY　　　　　　　華通

　　下表爲華通的現金流量表。這幾年來，華通的獲利每況愈下，即使在現金流量表中，也表現出不佳的情況。自2002年以來，華通的現金流量已轉而爲負，而營運的現金流量亦爲負數，這樣的情形，可以說明華通在外資機構中不斷被降評等的原因。

華通

年度	2000	2001	2002	2003	2004／Q1	2004／Q2
營運活動現金流量	1,881,027	5,185,933	-233,572	-1,075,852	-76,246	-116,282
投資活動現金流量	-4,180,949	-2,192,273	-1,191,550	17,991	-1,527,367	901,714
理財活動現金流量	4,256,166	-2,755,032	890,042	422,971	723,286	-1,145,888
現金流量	1,956,244	238,628	-535,080	-634,890	-880,327	-358,056

單位：千元

　　在觀察華通時，還必須輔以觀察該公司的理財活動。自2002年以來，華通的現金流量源自於理財活動，表示公司必須透過不斷籌資的方式以獲致營運所需的資金。2004年7月，華通透過可轉債籌資15億，值得留意的是，雖是以可轉債籌資，但每股的轉換價11.3元，在完成訂價後，股價拉高，便吸引許多的空單鎖價差。而剛於7月辦完可轉換公司債，公司董事會又在8月26日決議辦理現金增資16.8億，這樣的動作也表示，華通不斷的以理財活動來籌資，一旦公司的獲利持續惡化，則華通將會面臨財務調度上的重大考驗。

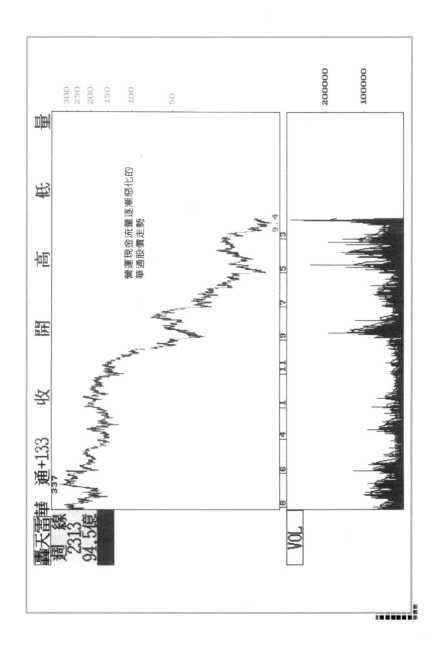

營運現金流量逐漸惡化的
華通股價走勢

案例 CASE STUDY 科橋

　　在一般公司中，若公司獲利不佳造成營運現金流量與現金流量不佳，實情有可原，但是有不少的上市櫃公司，獲利爲正，但長期的營運現金流量爲負，會造成這種現象的主因，可能是因爲存貨持續上升，也可能是應收帳款持續上升，或者是因爲獲利都來自於不穩定的非恆常性業外收益，雖不能就此認定該公司作弊或故意將其業績提早注入，但可以確定的是，表示公司在獲利的同時，其報表的均衡性極差。

　　以科橋來說，在過去5年當中，除了2002年虧損外，若由損益表來看，科橋每年的損益都是正數，2004年第一季的獲利更是亮麗；但不管獲利好或不好，由營運而來的現金流量卻是每年都爲負數，這樣的情形，是否特意將損益提早顯現不得而知，但表達出科橋公司在財報的均衡性上出問題，若要對該公司進行長期投資，可能就必須更關注於報表上的內容。

（註：科橋93年第二季的營運現金流量轉爲正，是一個不錯的訊息，唯要持續觀察之。）

科橋

年度	1999	2000	2001	2002	2003	2004／Q1
營運活動現金流量	-33,302	-32,824	-59,084	-326,641	-1,073,035	-433,699
投資活動現金流量	-65,951	-323,087	-48,426	-228,431	-390,003	4,991
理財活動現金流量	100,929	442,756	65,800	670,725	1,455,632	468,073
現金流量	1,676	86,845	-41,710	115,653	-7,406	39,365
現金流量	18,000	26,000	58,000	-219,000	106,000	143,000

單位：千元

四、本單元重點小結

　　公司的現金流量，就像是人體的血液一樣，供應著正常生活所需的養分。現金流量分成營運活動之現金流量、投資活動之現金流量與理財活動之現金流量，其重點如下：

- 營運活動之現金流量用以表示公司由營運而來的現金流量，是公司最重要的現金流量來源。

- 營運活動之現金流量應加回「以權益法認列的恆常性業外收益」，才能充分表達由營運而來現金流量。

- 損益表的稅後淨利為正，營運的現金流量若持續為負，表示公司在資產管理上出了問題。

- 公司若只靠投資現金流量與理財現金流量獲致現金，在財務上的長遠發展便有隱憂。

- 暫時性的現金流出不影響公司營運，但若持續的現金流出，對公司在財務上有不利的影響。

PART FIVE

財務比率分析與預測

本書的最後一個單元，將針對財務比率分析與財務預測兩個部分做初步的探討。在財務分析方面，財務管理的書籍中所用到的財務比率分析種類極多，本書則以投資人用以輔助主要參考的比率分析為主，畢竟筆者一直強調的觀點是，「財務比率分析可能不錯，但其中科目內容可能不佳，必須去了解其科目變化的涵意」，但可以用財務比率做為公司財務情況的基本篩選工具。

　　財務預測則重要性更大了，畢竟在財務預測所得的公司盈餘與每股盈餘，是做為公司價值計算的基礎，不過由於財務預測的內容更多，本書中僅初步介紹財務預測的方法，更詳細的內容留待《股價合理性評估》一書中再做詳述。

一、財務比率分析

　　對於財務報表的風險判斷，在一般的財務管理書中，大概都會以財務比率來做爲分析的基準，而財務比率分析也是用來判斷公司財務良好與否的最基本比率。在公司的公開說明書中，也會列出過去幾年的財務比率，提供給投資人做爲判斷的依據。對於筆者來說，財務比率分析具備了兩個基本的意義：

● 財務比率分析是分析一家公司財務情況的最基本工具。
● 財務比率好，財務情況不一定好；但反過來說，財務比率不佳，表示公司財務情況的確不佳。

　　所以雖單看財務比率，不足以表達公司的全貌，但可以做爲篩選公司的第一步；而財務比率不佳，大抵上可以確認公司的財務不好，但切記，財務比率看起來不錯，不代表此公司財務無疑慮。比如負債比率高的公司，它的財務風險就很大；但並不代表負債比率低的公司，就沒有財務風險。

　　在使用財務比率分析時，應注意以下幾個要點：

● 必須與過去的資料比較，此爲水平分析。
● 必要時，可以與同業做比較。
● 不同產業的財務報表重點有所不同，不能一概視之。
● 財務比率數字項目極多，可以就關鍵的項目加以特別分析，但

並不需要將所有財務比率都加以研究。

● 必須配合前幾章的內容加以綜合評估。

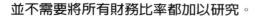

案例 CASE STUDY 京元電2001至2003年的財務比率

財務比率名稱	2003年度	2002年度	2001年度
股東權益占資產比率	66.11	50.91	46.52
負債占資產比率	33.89	49.09	53.48
長期資金占固定資產比率	121.32	113.59	88.63
流動比率	123.71	88.95	19.60
速動比率	121.53	87.21	18.12
利息保障指數	3.58	0.00	-2.08
應收款項週轉率	4.10	4.98	3.58
應收款項收現日數	89.02	73.29	101.95
存貨週轉率	95.49	87.98	59.42
平均售貨日數	3.82	4.14	6.14
固定資產週轉率	0.50	0.37	0.28
總資產週轉率	0.35	0.29	0.23
資產報酬率	4.82	-0.10	-3.07
股東權益報酬率	6.80	-3.37	-9.01
營業利益占實收資本比率	11.91	-3.99	-15.78
稅前純益占實收資本比率	8.04	-15.14	-24.99
純益率	11.40	-5.66	-20.42
每股盈餘	1.39	-0.69	-1.81

1. 負債管理比率

負債管理比率是用來衡量公司舉債的償債能力，公司以負債來經營公司，雖必須支付利息費用，但只要舉債經營所得的報酬高於負債的利息費用，負債就有價值。最近幾年來，企業跳票事件頻傳，時有出現公司債

到期而無法償還的情況，上市公司中負債過高的公司已成為投資人擔心倒閉的對象。特別在景氣不佳時，企業的獲利每況愈下，公司財務不佳的訊息時有所聞，因此，對於負債管理比率過於不理想的公司，在景氣尚未好轉以前，投資人應抱持保守一點的態度為宜。負債管理比率包含了「負債比率」及「利息保障倍數」。

● **負債比率**

以負債總額除以資產總額，稱為負債比率。負債比率是指在公司的總資產中，有多少比率來自於負債所籌資，負債高利息就高，在景氣不佳的情形下，高負債比率會為公司帶來相當大的經營壓力。所以，在景氣不佳的情形下，高負債比率的公司最好少碰為宜，否則一旦套牢，壓力會更大。

例如，建設業過去的績優廠商──北部建商大華建設，在87年11月的負債比率高達70％，雖其前三季的EPS仍有1.25元的水準，但碰到了外在環境不佳，與國產車合建的「閱讀歐洲」因為國產車出事情而受累，負債比率升高，剛好建築業又面臨接下來的不景氣，高負債比率的大華建設不但本業無法突破，還必須每年支付利息費用，股價就由87年的37元，一路的盤跌到91年的3元以下。

● 利息保障倍數

　　到底多少的負債比率才是高的負債比率，並無一致性的答案，比如92年獲利極佳的東鋼，其負債比率也高達55％。為了判斷負債比率是否偏高，我們會以利息保障倍數做為判斷的參考。所謂的利息保障倍數，是用稅前與息前淨利除以利息費用而得，所代表的意義是公司盈餘與利息間的關係（一般稅前與息前淨利，就是將稅前盈餘減去利息費用）。若利息保障倍數小於1，表示舉債經營的獲利，還不足以支應利息費用，在這樣的情況下，若公司負債比率又偏高，投資人可就要更當心了。

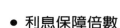 **案　例**　1998年9月至11月間，出現股票無量重挫的個股

　　包括了瑞圓、峰安、國產車、東雲等，這些公司的負債比率與利息保障倍數，在1998年上半年的半年報資料如下：

單位：%	瑞圓		峰安		國產車		東雲	
月份	87／06	86／06	87／06	86／06	87／06	86／06	87／06	86／06
負債比率	60.40	43.90	72.70	65.30	57.30	48.60	60.80	64.30
利息保障倍數	-0.45	1.03	-0.84	1.02	1.17	4.32	1.25	1.70

　　投資人可以發現，這幾家股價因有「財務疑慮」而大跌的公司，負債比率均大於五成，除東雲外，其他公司的負債比率均較上年度同期增加；再由利息保障倍數

而言，都較上年度同期爲差，而且，最高都不超過1.3倍，表示舉債高，即使獲利能付得起利息，也僅在付利息邊緣。

事實上，上述的公司到2004年時都已經下市，表示若買進財務狀況不佳的公司，一旦景氣的衰退出乎預期，則公司股價的跌幅將會遠遠超乎你的想像，同時也失去長期投資的價值與空間。

2. 短期償債能力

以公司的債權人而言，相當關心公司是否有能力來償還短期的債務？對股東而言也是如此，否則公司一旦經營情況不佳，又無法在短期內償還即將到期的負債，公司的資金週轉可能會產生危機，則公司的經營便有可能亮起紅燈。

在短期償債能力這項，可以用下列兩種指標來做爲參考：

● **流動比率**

流動比率是將流動資產除以流動負債，表示公司在短期內能以流動資產償還短期負債的能力，若流動比率高，則公司的短期償債能力較佳。

● **速動比率**

雖然流動比率已是衡量短期償債能力的一個不錯的

指標，但由於在流動資產中包含了「存貨」與「預付費用」兩個項目，一旦公司欲以流動資產償還短期負債時，存貨是否可按照帳上的價格賣出不無疑問，特別是消費性電子產品，將面臨存貨價值快速流失的局面。在營建業中，土地與餘屋被當成存貨處理，一旦欲償債時，快速處分土地與餘屋，容易造成流動比率的失真，而預付費用更是已經付出去的資金，對償債一點幫助也沒有。所以，流動資產減去預付費用與存貨後，才能成為速動資產，以速動資產除以流動資產的值，便是速動比率。

電子業中，速動比率的重要性更甚於流動比率，主要的原因在於電子類產品的生命週期普遍偏低，即使流動比率正常，但速動比率過低，表示其存貨過高；而過高的存貨有可能在短期內變得一文不值，因此，善用速動比率，可以避免掉一些潛在的危機企業。

3. 資產管理比率

資產管理比率表示公司的管理效率及市場的競爭情形，常見的有存貨週轉率、應收帳款週轉率、固定資產週轉率、總資產週轉率等，不過在實際應用時，最重要的比率莫過於存貨週轉率及應收帳款週轉率，這兩種比率可以用來了解公司是否存貨過多（存貨過多將有提列

虧損以及毛利下降的疑慮），或有過多的應收帳款（造成呆帳）。

● 應收帳款週轉率

應收帳款週轉率是指營收除以應收帳款所得的值，其所表達的意義在於應收帳款應該隨著營收而有合理的比率關係；一旦此值逐漸變低，表示在相同營收下，其應收帳款增加，或者相同應收帳款，營收卻下降。

對於這個數值來說，當然是大一些會比較好；而另一個與應收帳款週轉率相關的數值，就是「應收帳款收現天數」，以應收帳款除以每日營收而得的數值，若應收帳款週轉率高，反過來，則應收帳款收現天數將會變小，所以應收帳款的收現天數愈小愈好。何謂好的應收帳款週轉率，並無一定的標準，以公司過去的應收帳款週轉率做為判斷的基礎，倒是一個不錯的方式。

● 存貨週轉率

存貨週轉率是指以公司的營收除以存貨所得的值（在某些財務管理書上，存貨週轉率是以銷貨成本除以存貨所得的值），此值表達出存貨或許因為營收的增加而增加，但若存貨的成長幅度大於營收，表示有存貨的疑慮，此時存貨週轉率便可以用來判斷存貨相對營收的值。至於存貨週轉率，當然是愈大愈好。

存貨週轉率與應收帳款週轉率都具備相同問題，那

就是當營收遞增時，投資人會認為應收帳款或存貨增加是可以接受的，但卻沒注意到，其實這樣的情況有可能會種下提列存貨損失的因。但不論如何，必須配合本書第二單元資產負債表品質中的存貨與應收帳款觀點，才不至於因「正常的存貨週轉率或應收帳款週轉率」，而在判斷上受到影響。

案例　CASE STUDY　　　　瑞軒

　　以下是瑞軒過去幾季的營收以及應收帳款週轉率與存貨週轉率，由表中可以看出，在92年第三季到93年第一季，瑞軒的營收仍有一定的水準，但觀察其存貨週轉率，卻有每況愈下的現象，由92年第二季以前的 4，降到92年第四季 3 以下的水準。這樣的情況可以說明，瑞軒雖營收增加，但存貨增加的比營收更多，此為一個警訊。

期別	93／1Q	92／4Q	92／3Q	92／2Q	92／1Q	91／4Q	91／3Q	91／2Q
營收(百萬)	4,224	3,540	3,784	3,672	3,536	3,628	3,144	3,276
應收帳款週轉率(次)	1.60	1.48	1.52	1.51	1.30	1.38	1.30	1.36
存貨週轉率(次)	3.09	2.67	3.78	4.05	3.99	4.86	3.94	3.80

4. 公司價值比率

在財務報表比率分析中，公司價值比率適用以判斷公司的價值性，其中常見的包括本益比、淨值比、股東權益報酬率與總資產報酬率。本書針對股東權益報酬率與總資產報酬率加以說明，可以做為公司的財務努力方向，也可以讓長期投資人做為判斷是否投資該公司的重要指標。

（1）股東權益報酬率（ROE）

股東權益報酬率是以稅後淨利除以股東權益而得，其基本意義乃在於股東投入的股東權益，一年可以帶來多少報酬率，是巴非特或彼得林區的長期投資選股基本要項中，最重要的比率之一。下表就是華碩過去幾年的股東權益報酬率，由表中可以看出，華碩的股東權益報酬率下降了，由87年以前的40％以上，逐漸降低到92年的16％。

年度	92	91	90	89	88	87	86	85
股東權益報酬率(%)	16.41	15.19	27.04	32.46	38.97	45.57	53.39	77.13

使用股東權益報酬率時，要注意下列事項：

● 股東權益報酬率可以用15％為基本考量。一家公司要吸引長期股東的介入，基本上要有一定的報酬率水準，以15％做為股東權益報酬率的最低要求。

● 在使用股東權益報酬率時，必須同時考慮其淨值比因素（淨值比＝股價／每股淨值），當淨值比過高，表示你必須花費更多的代價來購買此公司，要考量是否划算。例如，以淨值比等於 4 去買一家公司，表示你花了四倍的股東權益代價，即使所買到的公司股東權益報酬率50％，但與淨值比為 1 的情況下購買股東權益報酬率為12.5％是一樣的（所以，巴非特提到，要以便宜的代價買到一家公司；所謂便宜的代價，就是接近每股淨值或低於每股淨值）。

（2）總資產報酬率（ROA）

　　總資產報酬率是以稅後淨利除以總資產而得，其基本意義乃在於投入此總資產下，一年可以帶來多少的報酬率。

　　事實上，總資產報酬率與股東權益報酬率還是有相關的，股東權益報酬率等於總資產報酬率乘上〔1／（1－負債比率）〕，所以，在相同的總資產報酬率之下，當負債比率愈高時，股東權益報酬率就會愈高。

　　最近幾年來，由於負債的利率低，於是很多公司的籌資方向轉而向負債，在考量股東權益報酬率時，總資

案例 CASE STUDY 92年前三季，主機板前三大廠商的ROE與ROA

	華碩	技嘉	微星
股東權益報酬率	12.36%	14.30%	11.00%
總資產報酬率	10.26%	9.40%	5.43%
負債比率	17.00%	34.00%	51.00%

產報酬率也同時加以考量。

　　表中，技嘉的股東權益報酬率大於華碩，看來比較好，但是主因在於其負債比率大於華碩，由總資產報酬率便可知這樣的情況；由於ROE較佳的原因來自於「舉債高」，所以並不能說明技嘉在股東權益報酬率上真正比華碩好。

　　而反觀微星，其ROE是三大廠商中最差的，且負債也最高；在已經採取高負債的情況下，仍比其他公司的ROE為差，表示公司在經營績效上就有待改進了。

二、財務報表預測基礎

　　財務報表的預測內容至少包括常見的資產負債表、損益表與現金流量表，資產負債表的主要目的在了解額外資金需求，進而在公司的財務政策下，決定籌資的方式，也藉此來安排籌資的時間規畫；而現金流量表預測更是現金來源的參考，也廣泛用於營運資金管理上。這兩個部分雖對於公司財務部門是很重要的工作，不過本書以「投資人」的觀點出發，在投資股市上，主要目的是獲利，所以對於資產負債表與現金流量表的預估，投資人倒是可以先忽略。

　　對於投資人來說，損益表的預測就重要多了，它的重要性包括：

● 損益表中的每股盈餘預測，可做為理論價值計算的基礎。

● 有了損益表每股盈餘的預估，可以判斷此公司的股價偏高或偏低；偏低時，就是一檔極佳的潛力公司，可用中長期投資的追蹤心態來投資。

● 有損益表預估，可以對公司與媒體對外的損益預測做其可能性有多高的判斷。

　　特別是在證期會不強迫公司做財務預測的情況下（94年起），無公司的財務預測可以參考，勢必會出現很多法人或者媒體對公司的每股盈餘加以預測，因此培養

自己的預測能力將會愈來愈重要。

　　也因為損益表中的每股盈餘預估相當重要，於是所有的分析師與研究機構對每股盈餘的預估都非常重視，但有很多的分析師，在第一季時所做的損益預估僅是一種「猜測」，常常把每季盈餘乘上4或5，做為未來一年獲利的預估，這一點有時候會有很大的問題，因為外資券商或投信對公司損益預估都只有最後的每股盈餘，對於一般投資人來說，根本不知這些專業機構是如何預估出來的，到底要信還是不信呢？

　　所以在本書中，筆者將用最簡單淺顯的損益預估程序，讓讀者在看完此篇後，對於公司的每股盈餘預估或者專業研究機構的預估，有自行預估的方法。

裕民的財務預測

　　91年5月以來，筆者在168網站（http://www.168abc.net/index1.asp，筆名jiin）長期追蹤航運股，在92年1月初，對裕民的預估，曾以波羅的海指數（散裝運價指數）與裕民的業外收入之關聯性，預測其每股盈餘。當時所有券商的預測報告，對於裕民的每股盈餘預測預估，大約都在4到4.5之間，而筆者以波羅的海指數來看，預估裕民每股盈餘在9元以上；時報資訊在3月底才寫出，裕民每股盈餘上看10元，而股價上已經反應極大了。

損益表預估的步驟：

● 預估營業成本，進而得到營業毛利率。

● 預估營業費用，進而計算出營業利益。

● 考量業外收支。

● 在不同營收情況下計算營業利益與稅前淨利，且以過去的資料試行預測。

● 考慮可轉債的稀釋效果。

● 計算每股稅前盈餘。

　　本書針對營業成本與固定成本有關部分，以及營業費用來做預估；業外收支的複雜性高，所要考慮的內容也更多，而在營業成本有關存貨的部分亦較複雜，可轉債的稀釋效果在資產負債表篇已提及，本章就針對營業成本與固定成本有關部分，及營業費用加以預測說明。

1.預估營業成本率

　　在損益表中，計算營業成本是很重要的。營業成本可以分成固定成本與變動成本，固定成本與營收無關，而變動成本與營收有關。一般說來，要在損益表中完全區分出固定成本與變動成本並不容易，但還是有幾個基本原則可以進行：

（1）固定成本中最大的比重為折舊，所以不妨把折舊當成固定成本。

（2）觀察過去幾季的營業成本與營收變化，若營收成長明顯，但毛利率幾乎不變，則大概可以推估，其固定成本較低。

（3）若固定成本（折舊金額）低，原則上就可以依據其過去幾季的毛利率來推估未來之毛利率。

（4）若固定成本高，則進入電子書中找出營業成本中的機器折舊費用。

案例　　　　　　　　**全台晶像與晶元電子**

下表是全台晶像與晶元電子在92年前三季的營收與單季毛利率：

		92／Q1	92／Q2	92／Q3
全台晶像	季營收	759,149	896,595	1,013,222
	單季毛利率（%）	20.7	21.7	21.4
京元電	季營收	1,422,922	1,522,297	1,797,221
	單季毛利率（%）	8.3	16.7	24.9

單位：千元

由上述資料可知，全台晶像由第一季到第三季營收的成長速度極大，但是毛利率卻差異不大；而京元電子則可看出營收的成長比全台晶像小，但其毛利率的成長更大。

下表為兩家公司上半年的折舊金額，在全台晶像方面，92年上半年屬於營業成本的折舊費用為0.47億，而上半年的營業成本為13億，折舊費用所占的比重就極

低，因此對於營業毛利的預測，就可以用過去數季的營業毛利率為主，對未來加以估計。

 案 例 **全台晶像92年上半年折舊**

性質別 \ 功能別	92年上半年度			91年上半年度		
	屬於營業成本者	屬於營業費用者	合　計	屬於營業成本者	屬於營業費用者	合　計
用人費用						
薪資費用	149,404	35,898	185,302	72,415	25,382	97,797
勞健保費用	11,821	1,308	13,129	6,608	735	7,343
退休金費用	4,054	1,209	5,263	1,867	683	2,550
其他用人費用	10,188	1,319	11,507	5,678	955	6,633
折舊費用	46,842	764	47,606	43,338	828	44,166
攤銷費用	8,429	1,068	9,497	7,697	80	7,777

單位：千元

再看看京元電：

	92／Q3	92／Q2	92／Q1
屬於營業成本折舊	732,425	723,503	716,500
營業成本	1,349,287	1,267,920	1,304,575
折舊占營業成本比重	54%	57%	55%

單位：千元

　　由上表可以得知，京元電每季的折舊所占營業成本比重極高，這樣的公司具備一個特性，就是它的固定成本相當高，一旦營收成長（此營收的成長也可能來自於產能利用率），則毛利率將會大增。

陽明海運

陽明海運則是另外一種不同的情形，從91年第一季到第三季的單季折舊來看，占其營業成本僅4%左右，算是相當低的比率。

陽明海運	91／Q3	91／Q2	92／Q1
營業成本	15,652,038	13,949,014	11,671,491
營業成本折舊	462,271	490,458	504,991
折舊／成本	3.0%	3.5%	4.3%

單位：千元

但觀察陽明的營收及其毛利率，可以發現營收的成長帶動營業毛利率的成長，因此固定成本比重低，大抵上可推論為其營收的成長是因為產品價格上揚所帶動毛利率的成長。當然，若產品的價格持續上揚，而原料價格又沒有上升，對整體獲利有相當正面的幫助，也可以由此來觀察外在環境的變遷情形。

陽明海運	91／Q3	91／Q2	91／Q1
營業收入	17,867,597	15,440,749	12,583,924
營業利益	2,817,779	1,067,330	624,656
營業毛利率	12.4%	9.7%	7.3%

單位：千元

2. 預估營業費用

得到營業毛利後，扣除營業費用，便可以得到營業利益。營業費用的組成，包含管銷費用、辦公室費用與研發費用。當然，營業費用同樣可以由固定費用與變動

費用兩項來加以預估，不過對一般公司來說，營業費用相對於營業成本的固定費用非常低（辦公室的固定設備不像機器設備的金額之大），另一方面，在辦公室的人事費用中也有類似固定費用的情形，所以從本質上區分營業費用中何者為固定，何者為變動，是不易而且不需要的情形。

整體而言，營業費用可以依據其產業或公司的特質，分成「與營收有關」的營業費用，或者「與營收無關的」的營業費用。與營收有關的，例如是有些產品是最終消費產品，需要行銷的努力，當然需要有較高的行銷費用。此時的行銷費用與營收有關，一旦行銷費用比重高，可以將營業費用看成「與營收有關的營業費用」；而很多電子公司只是某些大廠的代工廠商，並不需要太多行銷費用，因此即使營收增加，營業費用的增加也會很有限，這樣的情況下，便可以將營業費用視為「與營收無關的營業費用」。

案 例 CASE STUDY ——————→ **京元電** ——————→

京元電的單季營收，由92年第一季的14.2億成長到93年第二季的26.5億，但若仔細觀察其營業費用，發現占營收的比率卻有下降的現象。若觀察其中的變化，如92年第一季的營收遠比第三季低，但單季的營業費用與第三季相當；93年第一季的營收遠比92年第三季的營收

成長，但營業費用差不多；而93年第二季的營收在新高的情況下，營業費用和92年第四季差不多，且高出92年第一季、第三季的營業費用並不多。京元電本身是「測試」，並不需要大量的行銷費用，在這樣的情況下，我們可以將京元電的營業費用當成「固定的營業費用」來看待，而要以多少值做為其固定值，不妨以最近的最大值來考量，畢竟他的營收還在成長。

期別	93／2Q	93／1Q	92／4Q	92／3Q	92／2Q	92／1Q
營業收入淨額	2,647	2,278	2,044	1,797	1,522	1,423
營業成本	1,649	1,484	1,468	1,349	1,268	1,305
營業費用	163	146	163	141	127	147
營業費用占營收	6.16%	6.41%	7.97%	7.85%	8.34%	10.33%

單位：百萬

 全台晶像

全台晶像的營收，由92年第一季7.59億成長到第四季的11.86億，同時營業費用也由0.69億成長到1.17億，整體營業費用成長與營收成長有正相關存在，所以可用營業費用占營收比重來做為判斷，從過去幾季可以看出全台的營業費用占營收的比率，大約在8.2%到9.9%之間，差異就不會太大了。

期別	93／1Q	92／4Q	92／3Q	92／2Q	92／1Q
營業收入淨額	967	1,186	1,013	897	759
營業成本	737	913	797	702	602
營業費用	81	117	83	88	69
營業費用占營收	8.38%	9.87%	8.19%	9.81%	9.09%

單位：百萬

3. 以過去的資料試行預測

在營業成本、營業毛利率、營業費用與營業利益預測出來後，預估到稅前盈餘之間的過程，還必須考慮此公司的業外收入與支出，在慢慢的多角化以及全球化的今日，業外支出與收入的比重將會有愈來愈高的情況，這一部分，本書就不加以說明了。

計算好這些資料後，必須以過去的資料來試行，以了解所預測的結果與實際結果有多大的差異；差異不大時，則可以最新的資訊套用，若有差異，要找出可能的差異原因，並試著解釋，以便了解到底什麼地方要加以修正。

若現在要進行京元電的財務預測，必須要先做先行預測：

案例
CASE STUDY
京元電的試行預測 ➡

A：已知92年前三季的損益表，用來對第四季做財測，
　且了解與實際第四季的獲利情形比較。

● **計算變動成本率與折舊的估算**

首先找出前三季營收、折舊與營業成本，可以計算出扣除折舊費用後的營業成本（這部分當成變動成本）所占營收的比重，這時，將分別可以計算出第三季、第二季與第一季的變動成本占營收的

34.3％、35.7％、41.3％，並取其平均值爲37.1％；而折舊金額在92年前三季的每一季都差不多，可用第三季的數字7.32億預估（此處的估計，原則上以保守及近期資料爲主要參考數字）。

期別	92／Q3	92／Q2	92／Q1
營收	1,797,221	1,522,297	1,422,922
屬於營業成本折舊	732,425	723,503	716,500
營業成本	1,349,287	1,267,920	1,304,575
非折舊占營收比重	34.3%	35.7%	41.3%

單位：千元

● 營業費用的預估

92年前三季來看，營業費用占營收的比重愈來愈低，而第三季的營收較第一季成長，但營業費用差異不大，所以用一固定的營業費用來推估，約爲1.45億。

期別	92／Q3	92／Q2	92／Q1
營收	1,797,221	1,522,297	1,422,922
營業費用	141,016	126,925	146,825
營業費用占營收	7.85%	8.34%	10.33%

單位：千元

● 已知第四季的營收，估計其營業利益並與實際數值比較。

依據92前三季的數字推測，92年第四季的營收爲20.44億，則其毛利的計算爲：

營收	20.44
－營業成本折舊費用	7.32
－營業成本變動費用	(37.1%) 7.58
營業毛利	5.54

單位：億

　　而92年第四季的實際營業毛利為 5.76億（相差幅度為4％），再由營業毛利計算營業利益：

營業毛利	5.54
－營業費用	1.45
營業利益	4.09

單位：億

　　而實際的營業利益為4.13 億（相差幅度不到1％），所以表示若以92年前三季來估計第四季的獲利，在營業利益上的估計和最後的實際公布幾乎沒有差異。

B：已知93年的第一季損益表，用來對第二季做為財測，且了解與實際93年第二季的獲利情形比較。

● 計算變動成本率與折舊的估算

　　首先找出93年第一季、92年第四季、92年第三季的營收、折舊與營業成本，可以計算出扣除折舊費用後的營業成本（這個部分當成變動成本）所占營收的比重，這時，分別可以得到第一季、第四季與第三季的變動成本占營收的31.3％、34.6％、

34.3％，平均值為33.4％；而折舊金額，前三季的
每一季都差不多，可以用93年第一季的數字7.7億
預估。

● **對其營業費用的預估**

期別	93／Q1	92／Q4	92／Q3
營收	2,278,035	2,044,248	1,797,221
屬於營業成本折舊	770,000	760,580	732,425
營業成本	1,484,420	1,467,858	1,349,287
非折舊占營收比重	31.3%	34.6%	34.3%

單位：千元

　　92年前三季來看，93年第一季的營收較92年第
三季大增，但營業費用差異不大，表示營業費用與
營收關係程度不高，所以用一固定的營業費用來推
估，約為1.5億（讀者可發現，在此我以前三季的
營業費用平均做考量，原因在於若以93年Q1為
主，則92年Q4有一值較高；基於保守原則，故以
前三季的營業費用來平均）。

期別	93／Q1	92／Q4	92／Q3
營收	2,278,035	2,044,248	1,797,221
營業費用	145,728	163,058	141,016
營業費用占營收	6.4%	7.9%	7.85%

單位：千元

● **在第二季的營收已知下，估計其營業利益並與實
際數值比較。**

　　第二季的營收在7月10日就完全得知，但第二

季的獲利會在8月底前公布，若能預測出獲利，則對投資決策會更有幫助。

依據93年Q1之前三季的數字，93年第二季的營收為26.47億，則其毛利的計算為：

營收	26.47
－營業成本折舊費用	7.70
－營業成本變動費用 （33.4%）	8.84
營業毛利	10.13

單位：億

而92年第四季的實際營業毛利為 9.98億（相差不到2%），再由營業毛利計算營業利益：

營業毛利	10.13
－營業費用	1.50
營業利益	8.63

單位：億

而實際的營業利益為8.34 億（相差幅度為3%左右），表示若以93年第一季之前三季估計93年第二季的獲利，則在營業利益上的估計，和最後的實際公布差異極低。

以這樣的預測模式，至少在預測京元電的營業利益時，差異性極低（當然，在預測稅前盈餘時，還必須對京元電的業外收支做預測，但由於京元電的業外比重不高，所以也不至於有太大的差異性）。

4. 根據最新的資料與資訊來預測

有了試行預測後，若結果與實際的差異性少，就可以依據最新的訊息、最新的經營資訊，來對於公司做下季（或更遠時間）的預測。

 京元電──以93年上半年的數字來預測93年第三季

在93年的上半年獲利完全公布後，加上已經得知7月份的營收，則若要估計第三季的營業利益，應如何進行呢？其步驟與上述都一致。

● **計算變動成本率與折舊的估算**

首先找出93年第二季、93年第一季、92年第四季營收、折舊與營業成本，可以計算出扣除折舊費用後的營業成本（此部分當成變動成本）所占營收的比重，這時，分別得到93年第二季、第一季與92年第四季的變動成本占營收的31.8％、31.3％、34.6％，平均值為32.5％；而前三季的每一季折舊金額都差不多，可用93年第二季的數字8.06億預估。

期別	93／Q2	93／Q1	92／Q4
營收	2,647,068	2,278,035	2,044,248
屬於營業成本折舊	806,672	770,000	760,580
營業成本	1,649,458	1,484,420	1,467,858
非折舊占營收比重	31.8％	31.3％	34.6％

單位：千元

● 對其營業費用的預估

　　92年前三季來看，93年第二季的營收較92年第四季大增，但營業費用差異不大，表示其營業費用與營收的關係程度不高，所以用一固定的營業費用來推估，約為1.63億。

期別	93／Q2	93／Q1	92／Q4
營收	2,647,068	2,278,035	2,044,248
營業費用	163,413	145,728	163,058
營業費用占營收	6.1%	6.4%	7.9%

單位：千元

● 估計第三季的營收

　　假如現在是8月，半年報已經公布，要繼續對其未來做評估，7月營收9.56億，較93年第二季的月平均營收8.8億成長8.6％，以此看來，公司第三季的營收對於成長10％的預估，基本上應可以達成；若以季營收成長10％來看，則第三季的營收約為29.11億。

營收		29.11
－營業成本折舊費用		8.06
－營業成本變動費用	（32.5％）	9.46
營業毛利		11.60

單位：億

表示可能的毛利率為39.8％，再由營業毛利計算營業利益：

營業毛利	11.60
－營業費用	1.63
營業利益	9.97

單位：億

其營業利益的估計為9.97億，將較第二季的8.34億成長19.5％，則若不考慮業外收支的情況下，第三季單季的EPS將為1.32元（目前股本75.5億）。

三、本單元重點小結

　　財務比率分析可以用來做為篩選公司的基礎，財務比率表現佳的公司不一定是真的好而無疑慮，但是財率差的公司則風險性高。財務預測計算每股盈餘，為計算公司價值的基礎，在證期會將取消強制性財務預測的同時，對公司的每股盈餘做預測將更為重要，本章的重點如下：

- 從負債管理比率來了解公司整體的負債使用情形，短期償債能力則用來判斷公司是否有能力償還短期將到來的債務，這兩項比率都與公司的負債有關。

- 資產管理比率在於了解公司如何運用資產的效率，也常常可以用來了解公司的經營效率與外在競爭環境的變遷。

- 股東權益報酬率為長線投資者必須關注的要點。

- 對投資人的財務預測，主要是每股盈餘預測。

- 財務預測計算過程中，營業成本與營業費用內涵，是進行每股盈餘預測時的基礎。

附錄

好文欣賞
上市公司的資金如何蒸發

■ 葉銀華

　　本文虛擬一個個案來解釋為何投資者看到的帳上現金（存款型式）會蒸發。假設張三為A上市公司的控制股東，身為最大股東、董事長兼總經理，並且掌握整個董事會。由於最近該公司獲利不佳，而公司又準備現金增資與發行可轉債，為了粉飾財務報表，張三透過精密設計成立一些表面與他無關的海外公司，A上市公司不斷出貨給它們，虛灌營收，同時也使A公司應收帳款不斷增加。

　　為了美化財務報表，張三將上市公司的應收帳款（假設為50億元）賣給國外銀行，由銀行將這些應收帳款證券化，稱為應收帳款連動證券（Credit Linked Note, CLN），出售給國外投資者。由於這些虛灌的應收帳款本身就很難收現，可能乏人問津，張三乃進一步精密設計海外公司來購買這些CLN，他或許只要付出少數的權利金，或者也可跟國外銀行借款購買。為何國外銀行要借錢給張三？反正這些購買CLN的錢是必須鎖在銀行裏，限制使用用途。倘若A公司的應收帳款能夠收現，自然可還錢；如果A公司發生重整或違約時，這些錢自然還是被銀行掌控，A公司並不能動用。如此一來，國外銀行可賺到張三支付的高額借款利率與應收帳款

證券化的手續費。

另外一種做法是，張三只要在季報、半年報與年報編製之前，就把A公司的應收帳款賣給國外銀行，並允諾在短期內（財報編完後）以高於當初賣的價格買回，此時國外銀行每季就可賺一次差價。

上述交易的設計對張三有什麼好處？由於A公司出售應收帳款，因而在帳上承認50億元的存款，虛增帳上的現金，捏造財務狀況與還款能力，藉以順利募集資金。當A公司會計師查帳時，函證國外銀行詢問此筆存款，張三可輕易製造出6月底（半年報）、年底（年報）有50億元的存款證明。以年報而言，張三在12月30日借款存入銀行，隔年初再提出償還掉。

如此一來，投資者看到財報會以為A公司有乾淨且可隨時動用的50億元現金，而高估A公司的股價與還款能力。然而上述的交易都是虛灌營收、假造應收帳款、捏造現金額度，事實上根本沒有這筆50億元的資金。上述「創新財務伎倆」的使用，其精巧程度不下於美國恩龍案（Enron）。

一旦A公司無法維持獲利與籌集資金有困難，自然無法償還到期的負債（因為帳上的存款是假的），遂發生財務危機與聲請重整。此時國外銀行自然凍結CLN的那筆50億元存款，而A公司帳上假的現金存款就現出原形，對投資者而言，這些現金如同在人間一夕蒸發。

　　過去台灣上市公司做假帳的手法比較「本土化」，例如：過去地雷股的控制股東為了避免虧空資產之事實被會計師查帳發現，連續在編製每年3月、6月、9月之季報、半年報、年報時，事前向金主籌借現金補回侵占之款項，俟對帳過後，再以同一方式套取資金返還金主。或於盤點後再將可轉換定期存單與股票，賣出或提供質押借款，製作內容虛偽不實之財務報表。再者，做假帳經常使用的手段不外乎虛報營業收入，或者是盡量減少承認費用與營業支出。例如：在申請初次上市櫃或現金增資之前的年報，安排銷貨給關係企業，虛報營業收入，創造高獲利的幻影。這些公司通常會有相當高比例的關係人應收帳款，因為上述銷售並非真實的，產品還在關係企業的倉庫，自然沒有資金償還。另外，也有一些地雷股盡量將損失或虧空藏在海外子公司，而且能藏多久算多久。

　　倘若上述A公司的手法在台灣出現，則台灣上市公司做帳的手法已經達國際高標準，自然會計師查帳的技巧、投資者閱讀財報的能力、主管機關監理的政策也要與日俱進，然而這也再次傷害台灣投資者的權益。

　　　　　　　　　　（本文作者為輔仁大學金融所與貿金系教授）

綜合範例

綜合範例

範例一：撼訊（6150）

撼訊（6150）是一家上櫃電子公司，去年鴻海入主後，一度成為市場的焦點。93年第一季，大多數時間撼訊的股價都在50元以上，4月底的股價為42元左右，在第一季財報中，它的每股稅前盈餘為1.81元，稅後盈餘為1.28元，第一季的營收較去年同期成長一倍以上，稅前盈餘為0.82億，而公司的財測數字，稅前盈餘為3.1億，若以此來看，第一季的獲利正常，且以財測觀點，EPS在7元以上，若以4月底的股價41元來看，本益比不到6倍，又是鴻海入主的公司，當時的確讓許多投資人對此公司很有興趣。

到了8月底，公司公布第二季獲利，竟然出現負數，而公司的財測也由3.1億降到0.73億，降幅達到76％，撼訊也因為這樣的訊息，股價跌到了18元，還在跳空跌停，買了此股的投資人可說是損失慘重。

而在第一季的財報中，已經有幾個問題點浮現：

1. 第一季的營收是去年同期的2倍，但其毛利率比去年同期還要低，這種情況表示產業的競爭壓力大。

2. 在存貨上，今年第一季的營收較去年同期成長一倍，但存貨卻由去年的2.95億成長到今年的8.35億，成長超過一

倍，表示存貨的成長遠較營收的成長來得多。

3. 再與去年第四季比較，當時的營收為21.48億，較今年第一季的20億還高，但去年第四季的存貨才5.58億，今年第一季的存貨卻高達8.35億，季營收未增加，但季存貨卻增加，就已經透露出警訊。

4. 撼訊的股本為5.17億，第一季的存貨的8.35億，已經是股本的1.61倍，一旦有任何的提列存貨損失，對公司的EPS影響都極大；比如，當存貨的產品下跌2成，則損失就為1.67億，對EPS的影響程度將達到3.2元。

撼訊損益表

會計科目	93年3月31日		92年3月31日	
	金額	%	金額	%
銷貨收入淨額	2,075,722.00	100.00	1,004,998.00	100.00
營業收入合計	2,075,722.00	100.00	1,004,998.00	100.00
銷貨成本	1,917,960.00	92.39	919,565.00	91.49
營業成本合計	1,917,960.00	92.39	919,565.00	91.49
營業毛利（毛損）	157,762.00	7.60	85,433.00	8.50
推銷費用	40,438.00	1.94	16,497.00	1.64
管理及總務費用	16,389.00	0.78	7,537.00	0.74
研究發展費用	17,086.00	0.82	12,761.00	1.26
營業費用合計	73,913.00	3.56	36,795.00	3.66
營業淨利（淨損）	83,849.00	4.03	48,638.00	4.83
營業外收入				
利息收入	403.00	0.01	231.00	0.02
處分投資利益	960.00	0.04	0.00	0.00
兌換利益	0.00	0.00	2,468.00	0.24
違約金收入	0.00	0.00	0.00	0.00
存貨跌價回升利益	24,840.00	1.19	0.00	0.00
什項收入	57.00	0.00	3,092.00	0.30
營業外收入及利益	26,260.00	1.26	5,791.00	0.57
營業外費用及損失				
利息費用	1,863.00	0.08	5,377.00	0.53
採權益法認列之投資損失	306.00	0.01	0.00	0.00
投資損失	306.00	0.01	0.00	0.00
兌換損失	23,122.00	1.11	0.00	0.00
存貨跌價及呆滯損失	0.00	0.00	0.00	0.00
什項支出	2,238.00	0.10	2,600.00	0.25
營業外費用及損失	27,529.00	1.32	7,977.00	0.79
繼續營業部門稅前淨利（淨損）	82,580.00	3.97	46,452.00	4.62
所得稅費用（利益）	16,871.00	0.81	0.00	0.00
繼續營業部門淨利（淨損）	65,709.00	3.16	46,452.00	4.62
停業部門損益				
本期淨利（淨損）	65,709.00	3.16	46,452.00	4.62
基本每股盈餘				
普通股每股盈餘	1.28	0.00	1.58	0.00

單位：千元

資產負債表

會計科目	民國92年及93年3月31日			
	93年3月31日		92年3月31日	
	金額	%	金額	%
資產				
流動資產				
現金及約當現金	293,280.00	11.84	146,148.00	10.54
短期投資	120,000.00	4.84	1,000.00	0.07
應收票據淨額	3,375.00	0.13	26.00	0.00
應收帳款淨額	885,950.00	35.78	695,969.00	50.21
其他應收款	5,239.00	0.21	23,170.00	1.67
其他金融資產－流動	0.00	0.00	10,023.00	0.72
存貨	835,690.00	33.75	295,989.00	21.35
預付款項	73,887.00	2.98	28,193.00	2.03
其他流動資產	161,449.00	6.52	107,404.00	7.74
流動資產	2,378,870.00	96.08	1,307,922.00	94.37
基金及長期投資				
長期股權投資	5,323.00	0.21	0.00	0.00
長期債券投資	3,303.00	0.13	0.00	0.00
預付長期投資款	5,448.00	0.22	0.00	0.00
長期投資合計	14,074.00	0.56	0.00	0.00
基金及長期投資	14,074.00	0.56	0.00	0.00
固定資產				
成本				
固定資產淨額	57,072.00	2.30	50,440.00	3.63
其他資產				
存出保證金	15,433.00	0.62	1,250.00	0.09
遞延費用	9,878.00	0.39	10,050.00	0.72
遞延所得稅資產－非流動	562.00	0.02	16,284.00	1.17
其他資產合計	25,873.00	1.04	27,584.00	1.99
資產總計	2,475,889.00	100.00	1,385,946.00	100.00
負債及股東權益				
流動負債				
短期借款	145,000.00	5.85	200,915.00	14.49
應付短期票券	29,978.00	1.21	29,956.00	2.16

資產負債表 (續上頁)

會計科目	93年3月31日		92年3月31日	
	金額	%	金額	%
應付票據	174,337.00	7.04	138,096.00	9.96
應付帳款	764,944.00	30.89	236,990.00	17.09
應付所得稅	27,907.00	1.12	0.00	0.00
應付費用	26,177.00	1.05	18,595.00	1.34
其他應付款項－關係人	0.00	0.00	0.00	0.00
一年或一營業週期內到期長期負債	6,036.00	0.24	4,635.00	0.33
其他流動負債	15,503.00	0.62	38,242.00	2.75
流動負債合計	1,189,882.00	48.05	667,429.00	48.15
長期附息負債				
應付公司債	280,153.00	11.31	397,926.00	28.71
長期借款	4,527.00	0.18	24,875.00	1.79
長期附息負債	284,680.00	11.49	422,801.00	30.50
各項準備				
其他負債				
退休金準備／應計退休金負債	2,249.00	0.09	1,950.00	0.14
其他負債合計	2,249.00	0.09	1,950.00	0.14
負債總計	1,476,811.00	59.64	1,092,180.00	78.80
股東權益				
普通股股本	517,929.00	20.91	300,000.00	21.64
資本公積				
資本公積－發行溢價	280,505.00	11.32	34,539.00	2.49
資本公積－庫藏股票交易	1,937.00	0.07	0.00	0.00
資本公積合計	282,442.00	11.40	34,539.00	2.49
保留盈餘				
法定盈餘公積	0.00	0.00	12,269.00	0.88
未提撥保留盈餘	205,492.00	8.29	-40,633.00	-2.93
保留盈餘合計	205,492.00	8.29	-28,364.00	-2.04
股東權益其他調整項目				
庫藏股票	-6,785.00	-0.27	-12,409.00	-0.89
股東權益總計	999,078.00	40.35	293,766.00	21.19

單位：千元

範例二：旭展 （6195）

　　旭展的大股東為東元關係企業，董監事持股45％，主要的產品為LCD訊號IC，在91年股本3.16億時創造出稅前EPS 7.3元的佳績，而92年7月底除權前的價位仍在70元以上，換算除權參考價為64元附近，除權後慢慢下跌，8月底時股價為54元上下（此時為第二季財報的最後公布日），而後繼續慢慢盤跌，10月至11月就在38元附近整理；同一時間加權指數上漲10％以上，若以8月底旭展的股價來看，股價已跌掉3成。10月15日，旭展宣布調降財測，而此時的股價已經跌到38元了，那麼在92年第一季與第二季的財務報表是否能看出一些警訊？（又經過一年，93年旭展的股價剩下10元。）

> ### 旭展下修財測，獲利降幅達五成
>
> 　　【時報台北電】旭展電子（6195）因主力產品遭同業搶單、新產品進度不如預期，造成業績落後，經董事會通過調降財測，並實施庫藏股。其中，年度稅前盈餘目標降幅約50.3％，每股稅前盈餘目標由9.14元調降為4.58元。
>
> 　　旭展主力產品之一的LVDS，占上半年營收逾六成，第一季毛利率與出貨量都有好成績，但第二季中後，國內某上市IC設計同業介入，以較低的價格搶奪客戶，旭展因大意，造成訂單流失，業績遽降。在新產品部分，該公司表示，醫療用PDA因調整產銷結構，進度落後不少，而視為今年重要成長動力的Power IC，雖第三季已小量出貨，但因製作不順，還需小幅修改，來不及於第四季大量出貨。

1. 旭展92年第一季營收，由去年1.97億成為今年第一季的
   2.23億，增加了0.26億，但應收帳款卻增加1.75億左右
   （含應收帳款淨額與關係人應收帳款），存貨金額亦增加了
   0.46億，不管是應收帳款或存貨，增加的數值都遠較營收
   增加的數值高，此為一警訊。

2. 除了應收帳款與存貨所增加的數值較營收增加的數較多
   外，若由存貨週轉率、應收帳款週轉率來看，應收帳款週
   轉率由1.47降為1.05，存貨週轉率由3.66降至2.23，這些數
   字都已經出現警訊。

3. 再者LCD相關公司打算進入LVDS晶片組已有相關的報
   導，在這樣的情況下，對於存貨的增加至少要抱持謹慎的
   態度。

4. 旭展當時的第一季，存貨約占股本31％，比重尚好。

旭展資產項目

期別	92／Q1	91／Q1
營收	223,590	197,849
應收票據淨額	14,920	20,005
應收帳款淨額	212,873	134,598
應收帳款—關係人淨額	132,657	34,324
存貨	100,212	54,110

單位：千元

　　第一季的稅前盈餘0.58億（相當於當時股本來看，EPS
為1.8元），表現也還算不錯，而存貨雖大幅增加，但因為營
收還在成長且占股本的比率為31％，所以說，第一季雖有一

點小小的疑慮，但還不至於有很大的問題。

　　但由於其存貨增加速度與應收帳款增加速度太快，所以到第二季，對於旭展就要持比較謹慎小心的態度，4月營收0.73億（較去年同期增加29％），5月營收降成0.51億（較去年同期衰退14％，且較上月衰退30％）；6月股價66至72元，沒跌，6月營收0.36億（較去年同期衰退46.5％，且較上月衰退30％）；7月股價65.5至76.5，也沒跌。在TFT-LCD廠的營收都很亮麗的同時，旭展營收的表現已經出現很大的問題（但最重要的是股價沒跌，此時以基本面為考量的投資者，其實有很多充分時間可以出脫股票）。在第二季報表出來後，有下列的問題：

旭展資產項目

期別	92／Q2	92／Q1
營收	160,565	223,590
應收票據淨額	14,104	14,920
應收帳款淨額	191,056	212,873
應收帳款－關係人淨額	65,902	132,657
存貨	140,499	100,212

單位：千元

1. 第二季營收1.6億比第一季2.23億少，存貨卻大增40％，且TFT-LCD相關公司第二季的表現都不錯。

2. 以除權後當時股本來看，EPS為2.7元，當時股價53元上下，雖不算高，但以其營收、盈餘、資產品質來看，實在無法以上半年的獲利來估計下半年。

　　在這個過程中，第一季的財報公布後，已經出現些許問題，當時的股價還都在60元以上；而到了第二季財報公布後，股價跌下來了，但仍在50元以上，雖由高點下來已經跌幅不少，但相對於一年後剩下10元，及早停損還是有利的。

　　第三季報表公布，單季EPS由過去的獲利轉成虧損，毛利率由過去的40％以上遽降為25％，前三季獲利比上半年更低。如前面所提，存貨的遽增已事先反應產品銷售受到外在競爭的影響，要再維持高毛利率的水準已不復見。

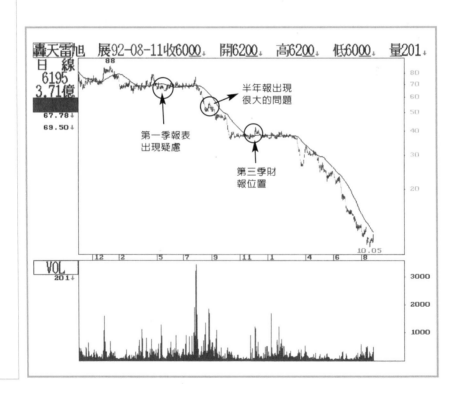

範例三：揚智（3041）

　　揚智是國內晶片組的大廠，民國93年以前，也是宏碁的關係企業。揚智92年上半的半年報，由表面數字上來看，營收為31.3億，而91年的上半年營收為33.2億，92年上半年的稅後淨利為2.73億，遠比91年上半年的稅後淨利2.07億高；其EPS為1.93元，相對於92年上半年虧損的「同性質公司」威盛與矽統，揚智的表現算是相當傑出，但是詳細觀察其報表後，卻發現了下列的問題：

1. 公司的獲利都是來自於業外收益的處分投資收益，此為非恆常性收益（更詳細的解釋可以看第二單元第四節中對揚智的說明）。

2. 而在損益表中，發現其毛利率由91年上半年的39%降成92年上半年的33%，營業利益率更是由91年上半年的10.9%變成2.17%，這些數字也表示，揚智在本業的營業利益上的表現已經退步許多。

3. 而在經營績效退步的同時，再看看其資產負債表，可以發現，其存貨由前一個年度的7.87億變成92年上半年的13.2億，增加的金額為5.33億；同時，13.2億的存貨，也占17億股本的77.6%，這樣的數字不可謂不高。

　　再以揚智所生產的產品來看，由於市場的變化，提列存貨虧損在所難免，若不提列存貨損失，則毛利率的水準也會

受到影響。

當時，揚智的股價在35元附近，到了第三季報表公布前，揚智出現了調降財測的聲音。揚智的說法如下：

(1) DVD播放機單晶片產品由於新競爭者持續加入市場競 爭，致銷售量未如預期，較原預測減少。

(2) USB 2.0產品汰換USB 1.1產品之速度未如預期，致USB 2.0相關產品銷售量較預期減少。另外，由於全球Flash記憶體下半年發生嚴重需求大於供給的缺貨現象，連帶影響本公司USB 2.0相關產品銷售金額未如預期。

調降財測之後，揚智的股價出現急殺的情況，當然，調降後的EPS幾乎為零。

而若以第三季的財報來觀察，發現有幾個重點：

● 揚智的毛利率由上半年的33％，到第三季時，單季的毛利率已經降到16.5％。

● 存貨金額由第二季的13.25億降到8.1億。

由此也可以看出，揚智第三季的毛利率下降應與清第二季的庫存有關。

揚智——資產負債表

會計科目	民國91年及92年6月30日			
	92年6月30日		91年6月30日	
	金額	%	金額	%
資產				
流動資產				
現金及約當現金	236,364.00	3.81	173,094.00	3.24
短期投資	0.00	0.00	400,000.00	7.49
應收票據淨額	40,939.00	0.66	186,911.00	3.50
應收帳款淨額	724,821.00	11.69	417,989.00	7.83
應收帳款－關係人淨額	109,817.00	1.77	65,377.00	1.22
其他金融資產－流動	21,142.00	0.34	50,593.00	0.94
存 貨	1,324,965.00	21.38	787,193.00	14.75
其他流動資產	274,511.00	4.42	198,942.00	3.72
流動資產	2,732,559.00	44.09	2,280,099.00	42.74
基金及長期投資				
長期投資合計	1,120,702.00	18.08	697,088.00	13.06
基金及長期投資	1,120,702.00	18.08	697,088.00	13.06
固定資產				
固定資產淨額	1,540,699.00	24.86	1,555,366.00	29.15
其他資產合計	803,028.00	12.95	801,851.00	15.03
資產總計	6,196,988.00	100.00	5,334,404.00	100.00
負債及股東權益				
流動負債				
短期借款	65,000.00	1.04	0.00	0.00
應付票據	137,216.00	2.21	924.00	0.01
應付票據－關係人	124,860.00	2.01	88,274.00	1.65
應付帳款	1,601,569.00	25.84	1,031,702.00	19.34
應付費用	244,961.00	3.95	207,935.00	3.89
其他應付款項	0.00	0.00	0.00	0.00
一年或一營業週期內到期長期負債	0.00	0.00	1,435,587.00	26.91
流動負債合計	2,173,606.00	35.07	2,764,422.00	51.82
長期附息負債				
應付公司債	908,582.00	14.66	0.00	0.00
長期借款	2,045.00	0.03	0.00	0.00

揚智——資產負債表 (續上頁)

會計科目	金額	%	金額	%
長期附息負債	910,627.00	14.69	0.00	0.00
各項準備				
其他負債				
負債總計	3,084,233.00	49.76	2,764,422.00	51.82
股東權益				
普通股股本	1,421,248.00	22.93	1,415,000.00	26.52
待分配股票股利	281,750.00	4.54	0.00	0.00
資本公債				
資本公積合計	908,798.00	14.66	893,179.00	16.74
股東權益總計	3,112,755.00	50.23	2,569,982.00	48.17

單位：千元

揚智——損益表

會計科目	民國91年及92年6月30日			
	92年6月30日		91年6月30日	
	金額	%	金額	%
銷貨收入淨額	3,105,768.00	100.00	3,184,992.00	100.00
營業收入合計	3,105,768.00	100.00	3,184,992.00	100.00
銷貨成本	2,077,227.00	66.88	1,931,044.00	60.62
營業成本合計	2,077,227.00	66.88	1,931,044.00	60.62
營業毛利（毛損）	1,028,541.00	33.11	1,253,948.00	39.37
推銷費用	101,517.00	3.26	129,758.00	4.07
管理及總務費用	110,032.00	3.54	103,587.00	3.25
研究發展費用	749,380.00	24.12	673,647.00	21.15
營業費用合計	960,929.00	30.94	906,992.00	28.47
營業淨利（淨損）	67,612.00	2.17	346,956.00	10.89
營業外收入				
利息收入	139.00	0.00	225.00	0.00
投資收益	0.00	0.00	0.00	0.00
處分投資利益	399,468.00	12.86	545.00	0.01
兌換利益	0.00	0.00	28,902.00	0.90
什項收入	9,357.00	0.30	9,080.00	0.28
營業外收入及利益	408,964.00	13.16	38,752.00	1.21
營業外費用及損失				
利息費用	14,457.00	0.46	23,255.00	0.73
採權益法認列之投資損失	76,740.00	2.47	38,214.00	1.19
其他投資損失	44,931.00	1.44	28,000.00	0.87
投資損失	121,671.00	3.91	66,214.00	2.07
處分固定資產損失	2,198.00	0.07	983.00	0.03
兌換損失	2,092.00	0.06	0.00	0.00
存貨跌價及呆滯損失	59,780.00	1.92	72,291.00	2.26
什項支出	15,795.00	0.50	23,800.00	0.74
營業外費用及損失	215,993.00	6.95	186,543.00	5.85
繼續營業部門稅前淨利（淨損）	260,583.00	8.39	199,165.00	6.25
所得稅費用（利益）	-12,296.00	-0.39	-8,034.00	-0.25
繼續營業部門淨利（淨損）	272,879.00	8.78	207,199.00	6.50
本期淨利（淨損）	272,879.00	8.78	207,199.00	6.50
簡單每股盈餘	1.93	0.00	1.46	0.00

單位：千元

範例四：力特光電

　　力特所做的產品為TFT-LCD的被光模組板，由92年第一季開始，營收成長非常快速，由92年第一季的16.5億到93年第2季的51.2億，整整成長了3.1倍，而其股本也由21億成長到29億，獲利由92年第一季的1.52億成長到93年第二季的11.7億，成長了10倍，這樣的公司應該是好的投資對象，但筆者的疑慮如下：

1. 若以過去幾季的存貨週轉率來看，93年第二季的存貨週轉率似乎並不特別高（92年第一季小於1而93年第二季大於1），但是，若以相對於股本的角度看來，其比率又已經相當高。在92年第一季時，其存貨大約與股本相當，但到92年第二季時，存貨已經是股本的1.7倍了，這個數字不可謂不小。

2. 而在93年第二季末，開始傳出LCD相關組件會因為產能擴充而下跌的消息；若真的下跌，只要跌價一成，也將會跌掉近5億，換算成股本就會是EPS＝1.72元，這個數字不可謂不大。

期別	93／2Q	93／1Q	92／4Q	92／3Q	92／2Q	92／1Q
營業收入淨額	5,120	3,963	3,442	2,686	2,238	1,653
營業利益	1,094	803	705	516	353	161
稅前淨利	1,169	858	595	424	374	152
存貨	4,971	3,908	2,975	2,434	2,001	1,953
來自營運之現金流量	-40	-96	740	26	412	-806
理財活動之現金流量	2,802	1,177	328	546	396	433

單位：百萬

3. 對於力特這個獲利極佳的公司，93年第一季與93年第二季的營運流量活動現金流量竟然都為負數；而觀察這幾季來，由理財活動的現金流量卻愈來愈多，表示力特在的籌資時，其籌資的方式都是透過理財活動得來，這將會造成力特的財務負擔。

範例五：中強電子

在87年間，國內監視器製造大廠中強電子，號稱是87年轉機的三劍客之一，87年初許多法人預估中強電子會有每股盈餘4元以上的成績。

中強電子損益表（87年前三季）

	87／Q3	86／Q3
銷貨收入淨額	12,177,702	8,225,651
營業毛利（毛損）	961,793	424,887
毛利率	7.90%	5.17%
營業淨利（淨損）	475,265	128,031
繼續營業部門稅前淨利（淨損）	843,059	140,036
簡單每股盈餘（元）	1.42	0.28

單位：百萬

87年第三季，中強電子的損益表數字看來還不錯，除營收大增外，營業毛利率以及稅前淨利、每股盈餘都較前一年度同期大幅成長，若單看其第三季損益表，還不會太差。

但到了第四季，卻一季間獲利逆轉，全年度結算下來，中強因為提列子公司損失，每股盈餘由前三季的1.42變成全年度的-7.27，這樣的結果，讓很多投資人瞠目結舌。

其實投資人若能在觀察損益表的同時，也審視一下資產負債表，或許可避免買到這樣的公司。由87年第三季的資產負債表來看，便可以注意到有異常現象了，其關係人往來的應收帳款，竟然接近資產總額的一半左右，雖不表示關係人往來高就馬上會出問題，但是中長期投資中強電子的投資

人，此時更要小心，畢竟出現這樣的不尋常現象，會使公司財報上的疑慮加深（此時更需要以技術分析來輔以決策）。

公司名稱		2320　中強電子股份有限公司			
年度	1998	季別	第三季	報表別	資產負債表
會計年度	歷年制	舊會計年度	無	舊制度截止日期	
會計科目名稱		1998年度		1997年度	
		金額（千元）	百分比（％）	金額（千元）	百分比（％）
流動資產		10,559,923	71.01	7,929,999	74.23
現金及約當現金		382,475	2.57	210,727	1.97
短期投資		36,408	0.24	337,652	3.16
應收票據淨額		10,535	0.07	8,430	0.08
應收票據－關係人淨額		41	0.00	38,201	0.36
應收帳款淨額		1,012,099	6.81	522,828	4.89
應收帳款－關係人淨額		5,122,803	34.45	3,812,781	35.69
其他應收款		176,970	1.19	95,174	0.89
其他應收款－關係人		2,134,154	14.35	1,690,410	15.82
存貨		1,527,247	10.27	1,079,010	10.10
存貨－製造業		1,527,247	10.27	1,079,010	10.10
預付費用		32,686	0.22	33,888	0.32
預付款項		12,390	0.08	38,734	0.36
其他流動資產		112,115	0.75	62,164	0.58

【2002/06/04經濟日報】證基會決代投資人向中強電子求償

　　證券基金會投資人服務與保護中心自即日起，針對中強電子案公開說明書不實、刻意隱匿海外子公司虧損等情事，受理善意投資人委任求償登記，並將代理受害投資人委託提起刑事附帶民事訴訟。

　　證基會指出，中強電子涉嫌將損失隱藏在子公司財務報表中，且將營收獲利灌水到中強母公司的財務報表，並於中強辦理現金增資案時，刻意隱匿虧損，以美化帳面，手法類似美國恩龍案。

　　檢方起訴指出，中強電子前任董事長王淫野和前總經理劉盛發兩人，涉嫌隱匿公司在87年第三季子公司英加電子以及PC-CHNNEL等兩家公司的重大虧損。

　　王淫野和劉盛發兩人涉嫌在87年11月間，辦理現金增資發行普通股時，未在公開說明書上揭露，反而刻意隱匿，且將處分DATA SERVICE公司、僅1萬美元的收入，虛增為7,000萬美元，以美化帳面。

　　起訴書指出，王淫野、劉盛發等兩人並屢次對外宣稱該公司營運、財務一切正常，涉嫌隱匿中強母公司已有新台幣33億元虧損的事實，影響投資權益甚鉅。

範例六：創惟電子

　　創惟電子為國內USB 2.0控制IC的龍頭廠商，91年的獲利2.8億，每股盈餘高達6.23元，而因為行業的屬性，其毛利率都相當高，91年度的毛利率高達50％，而在92年前三季，創惟的營收、毛利率與營業利益如下。由營收的情形看來，創惟的營收持續成長，但它的毛利率已經逐漸走低，更值得注意的是，創惟92年第三季的營業利益降到只有第一季的一半，而到第三季，盈餘達成率僅有56％，若以第三季的毛利率去觀察，其全年度財測勢必無法達成。在這樣情況下，當創惟第三季的報表公布後，至少應以較為謹慎的態度來面對此公司，而由K線圖來看，第三季公布時，股價仍在相當高的位置，而在財報上已經出現一些問題，持有者在看到財報後，應先賣出持股，待其獲利轉好再定奪。

創惟

期別	92／Q1	92／Q2	92／Q3
營收	287,252	331,597	340,635
毛利率	52.3%	47.2%	39.2%
營業利益	83,221	74,161	45,560

單位：百萬

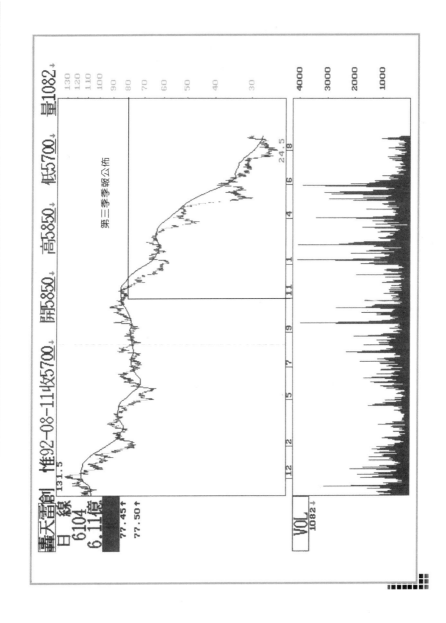

Practical 02

國家圖書館出版品預行編目資料

股市投資首部曲：數字裡的眞相／黃錦川著.
-- 初版. -- 臺北市 ： 寶鼎出版 ： 日月文化發行,
2004[民93]
240面 ;15×21公分. -- （實用知識：2）

ISBN 957-29089-7-9(平裝)

1. 證券　　2. 投資

563.53　　　　　　　　　　　93017312

股市投資首部曲
數字裡的眞相

作　　者／黃錦川
資深主編／梁心愉
特約編輯／吳如惠
版型設計／楊玉瑩
封面設計／何樵暐

發 行 人／陳榮祥
總 經 理／蕭豔秋
總 編 輯／胡芳芳
出　　版／寶鼎出版社有限公司
發　　行／日月文化集團
地　　址／台北市忠孝東路一段35號5樓
電　　話／（02）2357-0556
傳　　眞／（02）2321-6991
E - Mail／service@heliopolis.com.tw
郵撥帳號／19716071日月文化出版股份有限公司
法律顧問／孫隆賢
總 經 銷／凌域國際股份有限公司
電　　話／（02）2298-3838
傳　　眞／（02）2298-1498
印　　刷／世和印製企業有限公司
初　　版／2004年10月
定　　價／290元
ISBN：957-29089-7-9

日月文化集團
HELIOPOLIS
CULTURE GROUP

親愛的讀者您好：

感謝您購買寶鼎出版的書籍。

為提供完整服務與快速資訊，請詳細填寫下列資料，傳真至 02-23216991，
或免貼郵票寄回，我們將不定期提供您新書資訊，及最新優惠訊息。

寶鼎出版　讀者服務卡

*1. 讀友姓名：＿＿＿＿＿＿＿＿＿＿＿＿＿＿＿＿＿＿＿＿＿＿＿

*2. 出生年月日：＿＿＿＿＿＿＿＿＿＿＿＿＿＿＿＿＿＿＿＿＿

*3. 聯絡地址：＿＿＿＿＿＿＿＿＿＿＿＿＿＿＿＿＿＿＿＿＿＿

*4. 電子郵件信箱：＿＿＿＿＿＿＿＿＿＿＿＿＿＿＿＿＿＿＿

（以上欄位請務必填寫，資料僅供內部使用，日月文化保證絕不做其他用途，請放心！）

5. 您購買的書名：＿＿＿＿＿＿＿＿＿＿＿＿＿＿＿

6. 購自何處：＿＿＿＿＿＿＿縣/市＿＿＿＿＿＿＿書店

7. 您的性別：□男　□女　　生日：＿＿＿年＿＿＿月＿＿＿日

8. 您的職業：□製造 □金融 □軍公教 □服務 □資訊 □傳播 □學生

　　　　　　□自由業 □其它

9. 您從哪裡得知本書消息？ □書店 □網路 □報紙 □雜誌 □廣播

　　　　　　　　　　　　□電視 □他人推薦 □其他

10. 您通常以何種方式購書？ □書店 □網路 □傳真訂購 □郵購劃撥 □其它

11. 您希望我們為您出版哪類書籍？ □文學 □科普 □財經 □行銷 □管理

　　□心理 □健康 □傳記 □小說 □休閒 □旅遊 □童書 □家庭 □其它

12. 您對本書的評價 （請填寫代號 1.非常滿意 2.滿意 3.普通 4.不滿意 5.非常不滿意）

　　書名＿＿＿內容＿＿＿封面設計＿＿＿版面編排＿＿＿文／譯筆＿＿＿

13. 給我們的建議

＿＿＿＿＿＿＿＿＿＿＿＿＿＿＿＿＿＿＿＿＿＿＿＿＿＿＿

＿＿＿＿＿＿＿＿＿＿＿＿＿＿＿＿＿＿＿＿＿＿＿＿＿＿＿

日月文化集團
HELIOPOLIS
CULTURE GROUP

讀者服務部　收

100　台北市忠孝東路一段35號5樓

對折黏貼後，即可直接郵寄

日月文化集團之友長期獨享郵撥購書8折優惠（單筆購書金額500元以下請另附掛號郵資60元）。

成為日月文化集團之友的2個方法：

- 完整填寫書後的讀友回函卡，傳真或郵寄（免付郵資）給我們。
- 直接劃撥購書，於劃撥單通訊欄註明姓名、地址、電子郵件信箱、身分證字號以便建檔。

劃撥帳號：19716071　　　戶名：日月文化出版股份有限公司
讀者服務電話：02-23570556
客服信箱：service@heliopolis.com.tw　　讀者服務傳真：02-23216991

大好書屋

寶鼎出版

唐莊文化

山岳文化